机电类专业"十一五"规划教材

U0128884

电工电子技术实验与实训

主编 侯守军
副主编 张道平 满宪金 沈领娟 朱必武

国防工业出版社
·北京·

内 容 简 介

本教材为电工电子基础技能训练教学用书,涵盖了电工电子类中级工所必需的基本专业理论和实践操作技能。主要内容包括:电工电子技术实验与实训的基本知识、电工电子实验、电工电子基础及综合实训等,共 4 章 27 个课题,因此便于各个不同专业选用。

本书可作为高职、中职、技校、职高类学校电类和近电类专业的实训教材,也可作为相关专业工程技术人员的培训教材及中等职业学校电类和近电类实训教师的技术参考书。

图书在版编目(CIP)数据

电工电子技术实验与实训/侯守军主编. —北京:国防工业出版社,2009.2
机电类专业"十一五"规划教材
ISBN 978-7-118-06166-6

Ⅰ.电… Ⅱ.侯… Ⅲ.①电工技术－高等学校:技术学校－教材②电子技术－高等学校:技术学校－教材
Ⅳ.TMTN

中国版本图书馆 CIP 数据核字(2009)第 009619 号

※

国防工业出版社出版发行
(北京市海淀区紫竹院南路 23 号 邮政编码 100048)
腾飞印务有限公司印刷
新华书店经售
*
开本 787×1092 1/16 印张 10¼ 字数 231 千字
2009 年 2 月第 1 版第 1 次印刷 印数 1—4000 册 定价 20.00 元

(本书如有印装错误,我社负责调换)

国防书店:(010)68428422   发行邮购:(010)68414474
发行传真:(010)68411535   发行业务:(010)68472764

《电工电子技术实验与实训》

编委会名单

主　编　　侯守军

副主编　　张道平　　满宪金　　沈领娟　　朱必武

编　委　　侯守军　　张道平　　满宪金　　沈领娟

　　　　　朱必武　　曹明才　　徐建军　　杨春燕

　　　　　安光辉　　刘伦富　　朱　伟　　孟国前

　　　　　袁继安　　朱　丽　　秦　静　　苗英恺

　　　　　孔三喜

前　言

　　本书是职业教育电类和近电类专业规划教材之一。全书在取材和组稿上本着以提高学生职业能力为目标，重视实践能力的培养，突出职业技术教育特色，为学生的职业生涯打下了坚实的基础。

　　电工电子技术实验与实训是一门操作性很强的实训课程，它是专业知识和技术应用与创新能力的结合。电工电子实验的目的就是让学生理解和掌握所学的电学方面的基本知识，而实训部分则要求学生熟悉各种常用电气设备和电子器件的组装和调试方法，掌握常用工具和仪器设备的使用，且通过由浅入深地学习和训练，使学生能够独立分析和解决在学习过程中出现的一些问题。

　　为适应现代职业教育的特点和规律，教材体现了以下特点：

　　(1) 立足技能训练，培养学生的职业能力和创新能力，提高职业素养，为企业生产一线服务。

　　(2) 针对现代职业学校学生的实际情况，合理确定教材内容的难度和深度，以生产中"实用技术"为主，培养学生在生产中灵活应用专业知识解决实际问题的能力。

　　(3) 教材采用专业理论知识与技能训练一体化的模式，有利于采用直观性教学，符合中职学生的认识规律，因此易于激发学生的学习兴趣，从而提高课堂教学效果。

　　(4) 教材的每一章节都提出了实验或实训的目标和任务，以及相关要求，因此有利于教师把握教学要求，也有利于学生的学习。

　　本书由侯守军任主编，张道平、满宪金、沈领娟、朱必武任副主编。参加本书编写的有侯守军、张道平、满宪金、沈领娟、朱必武、曹明才、徐建军、杨春燕、朱丽、袁继安、刘伦富、朱伟、孟国前、安光辉、秦静、苗英恺、孔三喜。在本书的编写过程中，得到了湖北信息工程学校、湖北荆门机电工程学校、山东枣庄科技职业技术学院、河北望都职教中心、河北安国职教中心等学校的大力支持，在此一并表示衷心的感谢。

　　本书编者水平有限，书中的错误和缺点在所难免，热忱欢迎广大读者对本书提出批评与建议。

编　者

目　录

第1章　电工电子实验与实训基本知识

学习目标:明确实验及实训的目的和意义,了解一般实验实训的方法,会进行一般的电工电子测量;学习安全用电知识,懂得安全用电常识,并会安全急救方法。

1.1　电工电子测量的基本知识

1. 电工电子测量概念及内容

测量是人们借助于专门的设备,依据一定的理论,通过实验的方法将被测量与已知同类标准量进行比较而取得测量结果的过程。测量的目的就是取得用数值和单位共同表示的被测量的结果,被测量的结果必须是带有单位的有理数,例如,某测量结果为9.3V是正确的,而测得的结果为9.3就是错误的。

电工电子测量是指把被测的电量或磁量及电子电路参数,直接或间接地与作为测量单位的同类物理量(或者可以推算出被测量的异类物理量)进行比较的过程。测量的内容主要有:

(1) 能量的测量。它是对电流、电压、功率、电场强度等参量的测量。

(2) 电路参数的测量。它是对电阻、电感、电容、阻抗、品质因数、损耗率等参量的测量。

(3) 信号特性的测量。信号特性的测量指的是对频率、周期、时间、相位、调制系数、失真度等参量的测量。

(4) 电子设备性能的测量。电子设备性能的测量指的是对通频带、选择性、放大倍数、衰减量、灵敏度、信噪比等参量的测量。

(5) 特性曲线的测量。特性曲线的测量是指对幅频特性、相频特性、器件特性等特性曲线的测量。

(6) 磁物理量的测量。如磁场以及物质在磁场磁化下的各种磁特性,例如,磁场强度、磁通、磁感应强度、磁势、磁导率、磁滞和涡流损耗等的测量。

上述各种参量中,频率、时间、电压、相位、阻抗等是基本参量,其他为派生参量,基本参量的测量是派生参量测量的基础。

常用的测量仪表有:万用表、电桥、兆欧表、Q表、钳形电流表、电度表和功率表、频率表和相位表、示波器、信号发生器、晶体管特性图示仪等。

2. 电工电子测量的方法

测量结果可以通过不同的测量方法来取得。电工电子测量的方法有很多种,例如,直接测量、间接测量和组合测量等。

(1) 直接测量。直接测量是指借助于测量仪器等设备可以直接获得测量结果的测量方法。例如,用电压表测电压等。

（2）间接测量。间接测量是指对几个与被测量有确定函数关系的物理量进行直接测量，然后通过公式计算或查表等求出被测量的测量。伏安法测量电阻 R 的方法即属于间接测量法，它是先测出流过电阻的电流 I 及电阻两端的电压 V 后，再利用公式来测量电阻值 R。

（3）组合测量。组合测量是建立在直接测量和间接测量基础上的测量方法。因为其无法通过直接测量或间接测量得出被测量的结果，所以需要改变测量条件进行多次测量，然后按被测量与有关未知量间的函数关系组成联立方程组，求解方程组得出有关未知量，最后将未知量代入函数式而得出测量结果。测量时应对被测量的物理特性、测量允许时间、测量精度要求以及经费情况等方面进行综合考虑，结合现有的仪器、设备条件，择优选取合适的测量方法。

（4）比较测量。比较法是指被测量与已知的同类度量器在比较器上进行比较，从而求得被测量的一种方法。这种方法用于高准确度的测量。

3. 电工电子测量误差

测量的目的是得到被测量的真实结果，即真值，但由于人们对客观规律认识的局限性，不可能得到被测量的真值。测量值与被测量真值之间的差异称为测量误差。测量误差的表示方法有三种：绝对误差、相对误差和容许误差。

1）绝对误差

测量所得的测量值 x 与真值 A_0 之差称为绝对误差，用 Δx 表示，即

$$\Delta x = x - A_0$$

式中：x 称为被测量的给出值、示值或测量值，习惯上统称为示值；A_0 称为被测量的真值。注意，示值和仪器的读数是有区别的，读数是从仪器刻度盘、显示器等读数装置上直接读到的数字，而示值则是由仪器刻度盘、显示器上的读数经换算而成的。真值 A_0 是一个理想的概念，实际上是不可能得到的，通常用高一级标准仪器或计量器具所测得的测量值 A 来代替，A 称为被测量的实际值。

绝对误差的计算式为

$$\Delta x = x - A$$

绝对误差的正负号表示测量值偏离实际值的方向，即偏大或偏小。绝对误差的大小则反映出测量值偏离实际值的程度。

2）相对误差

虽然绝对误差可以说明测量结果偏离实际值的情况，但不能确切反映测量结果偏离真实值的程度，为了克服绝对误差的这一不足，通常采用相对误差的形式来表示。

相对误差包括实际相对误差、示值相对误差和满度相对误差。

（1）实际相对误差。绝对误差 Δx 与实际值 A 之比，称为实际相对误差。

（2）示值相对误差。绝对误差 Δx 与测量值 x 之比，称为示值相对误差。

（3）满度相对误差。绝对误差 Δx 与仪器满度值 x_m 之比，称为满度相对误差或引用相对误差。它是为了计算和划分电工仪表的准确度等级而引入的相对误差。

指针式电工仪表的准确度等级通常分为 0.1、0.2、0.5、1.0、1.5、2.5、5.0 共七级，分别表示仪表满度相对误差所不超过的百分比。例如，某型万用表面板上的"~5.0"，表示

该型万用表测量交流量时的满度相对误差为±5.0%,而在无标准仪表比对的情况下,是不可能确定测量值偏离方向的,所以应带有"±"号。

对于同一仪表,所选量程不同,可能产生的最大绝对误差也不同。而当仪表准确度等级选定后,测量值越接近满度值时,测量相对误差越小,测量越准确。因此,一般情况下,应尽量使指针处在仪表满刻度值的$\frac{2}{3}$以上区域,但该结论只适用于正向线性刻度一般电工仪表。对于万用表电阻挡等这样的非线性刻度电工仪表,应尽量使指针处于满度值的1/2左右的区域。

3) 容许误差

一般情况下,线性刻度电工仪表的指示装置对它的测量结果影响比较大,但因其指示装置构造的特殊性,使得无论测量值是多大,产生的误差总是比较均匀的,所以线性刻度电工仪表的准确度通常用满度相对误差来表示。而对于结构较复杂的电子测量仪器来说,由某一部分产生极小的误差,就有可能由于累积或放大等原因而产生很大的误差,因此不能用满度相对误差,而应用容许误差来表示它的准确度等级。

容许误差又称为极限误差,是人为规定的某类仪器测量时不能超过的测量误差的极限值。可以用绝对误差、相对误差或二者的结合来表示。例如,某一数字电压表基本量程的误差为±0.006%(读数值)±0.0003V,它是用绝对误差和相对误差的结合来表示的。

4. 测量误差的来源

产生测量误差的原因是多方面的,主要来源包括。

(1) 仪器误差:仪器误差是由于仪器本身及其附件的电气和机械性能不完善而引起的误差。例如,由于仪器零点漂移、刻度非线性等引起的误差。

(2) 使用误差:使用误差又称为操作误差,是由于安装、调节、使用不当等原因引起的误差。例如,测量时由于阻抗不匹配等原因引起的误差。

(3) 人身误差:人身误差是由于人为原因而引起的误差。例如,读错数据等。

(4) 环境误差:环境误差又称为影响误差,是由于仪器受到外界的温度、湿度、气压、震动等影响所产生的误差。例如,数字电压表技术指标中常单独给出的温度影响误差。

(5) 方法误差:方法误差又称为理论误差,是由于测量时使用的方法不完善、所依据的理论不严格等原因引起的误差。

5. 减小实验误差

为了获得比较准确的测量结果,在测量过程中要注意以下事项:

(1) 合理设计实验方法和测量方法。

(2) 尽量选用精度高的仪器仪表及电路元器件。

(3) 测量中要认真观察和读数、记载。

(4) 对测量结果仔细分析和取舍,必要的时候要多次测量取其平均值。

1.2 电工电子实验设备仪器及使用

1. 电工电子实验台

现阶段可供职业学校学生基础实验的设备,大多采用成套多功能实验桌(台),因此

3

使用起来简单方便,功能齐全,基本上可以完成绝大多数的课本实验内容。

实验室常见的通用电工电子实验室成套设备如图1-2-1所示。该套设备可以进行电类专业的电工及电子课程的所有基础实验,借用它也可以进行相关的技能培养和训练。

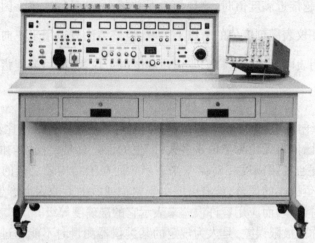

图1-2-1 通用电工电子实验台

设备由实验线路板和元器件插座组成,实验线路板设计在实验台的桌面上,元器件在桌子下面的柜子里(由实验教师具体提供),实验所需的各种电源和信号可以直接由实验台上选择引出得到。

实验线路板由四个一组相互导电的插孔组成,组与组间用元器件插座或电线插座可以连接起来。元器件插座是由元器件(或导线)、元器件符号、导电插销组成。

实验信号和电源用专用导线从学生实验台引到实验线路板上。

1)电源控制及各种信号取用

(1)学生实验台上的电源由讲台上教师总控制,教师开启电源后,学生台的左边总电源指示灯显示。学生台上空气开关控制该台电源,要打开时应先按下右上的黑色按钮再向上扳动把柄,把柄向下或按下右下的黑色按钮电源断开。学生台的电源由三相四线制引入,每相有熔丝保护。

(2)学生实验台上有 A、B、C、D、E、F、G 组电源,分别取出不同类型、不同大小的电源,其中:

A组电源:三相四线制电源,有 U、V、W、N 及地五个插孔,下面还有一换相开关可以实现换相,也可以从插座取用。

B组电源:输出交流3V~24V、1.5A 低压,由红黑两插孔取用,可以调节选择,上有指示表显示。

C组电源:直流稳压1.25V~24V、1.5A,由红黑两插孔取用,可以调节(粗调和细调)选择,上有指示表显示。

D组电源:直流稳压1.25V~24V、0.5A,由红黑两插孔取用,可以调节(粗调和细调)选择,上有指示表显示。

E组电源:直流稳压5V,由红黑两插孔取用。

F组电源:单相交流调压电源,0V~240V可调。

G 组电源:单相交流 2A 输出,带开关控制。

以上电源中,B、C、D、E 各组还受开关 S_1 控制,F、G 各组受开关 S2 控制。

(3)实验台还可以输出各种常用函数波形和单次脉冲。

(4)实验台还配有音频输入插孔,可以调节输入信号在扬声器中的音量大小。

2)电路组装方法

根据要连接的电路图,选择所需的元器件插座,按照其在原理图的位置情况进行布置,将元器件插在桌面上的电路板上,如图 1 - 2 - 2 所示。注意:元器件在电路板上要垂直插拔;先插大面积的元器件插座,再插小面积的;元器件之间的导线可以根据实际情况用几根加长;插座要牢固,拼好后要对照电原理图检查一遍,经教师确认后才能通电实验,更换元器件或改变电路时要先关断电源。

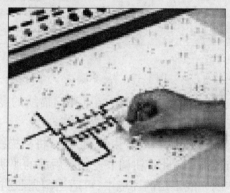

图 1 - 2 - 2   实验台电路的组装方法

2. 示波器及使用

示波器是利用电子示波管的特性,将人眼无法直接观测的交变电信号转换成图像,显示在荧光屏上,以便测量的电子测量仪器。它是观察数字电路实验现象、分析实验中的问题、测量实验结果必不可少的重要仪器。示波器由示波管和电源系统、同步系统、X 轴偏转系统、Y 轴偏转系统、延迟扫描系统、标准信号源组成。

示波器种类、型号很多,功能也不同。常见示波器如图 1 - 2 - 3 所示。数字电路实验中使用较多的是 20MHz 或者 40MHz 的双踪示波器,这些示波器用法大同小异。

这里介绍示波器在数字电路实验中的常用功能。

1)荧光屏

荧光屏是示波管的显示部分。屏上水平方向和垂直方向各有多条刻度线,指示出信号波形的电压和时间之间的关系。水平方向指示时间,垂直方向指示电压。水平方向分为 10 格,垂直方向分为 8 格,每格又分为 5 份。垂直方向标有 0%、10%、90%、100% 等标志,水平方向标有 10%、90% 标志,供测直流电平、交流信号幅度、延迟时间等参数使用。根据被测信号在屏幕上占的格数乘以适当的比例常数(V/DIV,TIME/DIV)能得出电压值与时间值。

2)示波管和电源系统

(1)电源(Power)。示波器主电源开关。当此开关按下时,电源指示灯亮,表示电源接通。

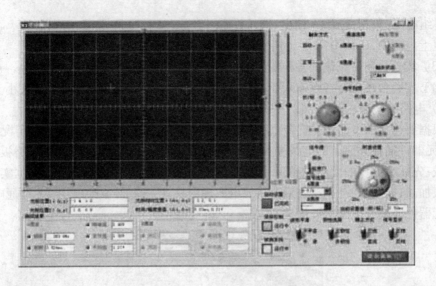

图 1 - 2 - 3 示波器

（2）辉度（Intensity）。旋转此旋钮能改变光点和扫描线的亮度。观察低频信号时可小些,高频信号时大些。一般不应太亮,以保护荧光屏。

（3）聚焦（Focus）。聚焦旋钮调节电子束截面大小,将扫描线聚焦成最清晰状态。

（4）标尺亮度（Illuminance）。此旋钮调节荧光屏后面的照明灯亮度。正常室内光线下,照明灯暗一些好,而室内光线不足的环境中,可适当调亮照明灯。

3）垂直偏转因数和水平偏转因数

（1）垂直偏转因数选择（VOLTS/DIV）和微调。在单位输入信号作用下,光点在屏幕上偏移的距离称为偏移灵敏度,这一定义对 X 轴和 Y 轴都适用。灵敏度的倒数称为偏转因数。垂直灵敏度的单位是 cm/V,cm/mV 或者 DIV/mV,DIV/V,垂直偏转因数的单位是 V/cm,mV/cm 或者 V/DIV,mV/DIV。实际上因习惯用法和测量电压读数的方便,有时也把偏转因数当灵敏度。

双踪示波器中每个通道各有一个垂直偏转因数选择波段开关。一般按 1、2、5 方式从 5mV/DIV ~ 5V/DIV 分为 10 挡。波段开关指示的值代表荧光屏上垂直方向一格的电压值。例如,波段开关置于 1V/DIV 挡时,如果屏幕上信号光点移动一格,则代表输入信号电压变化 1V。

每个波段开关上往往还有一个小旋钮,微调每挡垂直偏转因数。将它沿顺时针方向旋到底,处于"校准"位置,此时垂直偏转因数值与波段开关所指示的值一致。逆时针旋转此旋钮,能够微调垂直偏转因数。垂直偏转因数微调后,会造成与波段开关的指示值不一致,这点应引起注意。许多示波器具有垂直扩展功能,当微调旋钮被拉出时,垂直灵敏度扩大若干倍(偏转因数缩小若干倍)。例如,如果波段开关指示的偏转因数是 1V/DIV,采用 ×5 扩展状态时,垂直偏转因数是 0.2V/DIV。

在做数字电路实验时,屏幕上被测信号的垂直移动距离与 +5V 信号的垂直移动距离之比常被用于判断被测信号的电压值。

（2）时基选择（TIME/DIV）和微调。时基选择和微调的使用方法与垂直偏转因数选择和微调类似。时基选择也通过一个波段开关实现,按 1、2、5 方式把时基分为若干挡。

6

波段开关的指示值代表光点在水平方向移动一个格的时间值。例如，在 $1\mu s/DIV$ 挡，光点在屏上移动一格代表时间值 $1\mu s$。

"微调"旋钮用于时基校准和微调。沿顺时针方向旋到底处于校准位置时，屏幕上显示的时基值与波段开关所示的标称值一致。逆时针旋转旋钮，则对时基微调。旋钮拔出后处于扫描扩展状态。通常为 ×10 扩展，即水平灵敏度扩大 10 倍，时基缩小到 1/10。例如，在 $2\mu s/DIV$ 挡，扫描扩展状态下荧光屏上水平一格代表的时间值等于 $2\mu s \times (1/10) = 0.2\mu s$

通用电工电子实验台上有 10MHz、1MHz、500kHz、100kHz 的时钟信号，由石英晶体振荡器和分频器产生，准确度很高，可用来校准示波器的时基。

示波器的标准信号源 CAL，专门用于校准示波器的时基和垂直偏转因数。例如，COS5041 型示波器标准信号源提供一个 V（峰—峰值）$=2V, f = 1kHz$ 的方波信号。

示波器前面板上的位移（Position）旋钮调节信号波形在荧光屏上的位置。旋转水平位移旋钮（标有水平双向箭头）左右移动信号波形，旋转垂直位移旋钮（标有垂直双向箭头）上下移动信号波形。

4）输入通道和输入耦合选择

（1）输入通道选择。输入通道至少有三种选择方式：通道 1（CH_1）、通道 2（CH_2）、双通道（DUAL）。选择通道 1 时，示波器仅显示通道 1 的信号。选择通道 2 时，示波器仅显示通道 2 的信号。选择双通道时，示波器同时显示通道 1 信号和通道 2 信号。测试信号时，首先要将示波器的地与被测电路的地连接在一起。根据输入通道的选择，将示波器探头插到相应通道插座上，示波器探头上的地与被测电路的地连接在一起，示波器探头接触被测点。示波器探头上有一双位开关，此开关拨到"×1"位置时，被测信号无衰减送到示波器，从荧光屏上读出的电压值是信号的实际电压值，此开关拨到"×10"位置时，被测信号衰减为 1/10，然后送往示波器，从荧光屏上读出的电压值乘以 10 才是信号的实际电压值。

（2）输入耦合方式。输入耦合方式有三种选择：交流（AC）、地（GND）、直流（DC）。当选择"地"时，扫描线显示出"示波器地"在荧光屏上的位置。直流耦合用于测定信号直流绝对值和观测极低低频信号。交流耦合用于观测交流和含有直流成分的交流信号。在数字电路实验中，一般选择"直流"方式，以便观测信号的绝对电压值。

5）触发

被测信号从 Y 轴输入后，一部分送到示波管的 Y 轴偏转板上，驱动光点在荧光屏上按比例沿垂直方向移动；另一部分分流到 X 轴偏转系统产生触发脉冲，触发扫描发生器，产生重复的锯齿波电压加到示波管的 X 轴偏转板上，使光点沿水平方向移动，两者合一，光点在荧光屏上描绘出的图形就是被测信号图形。由此可知，正确的触发方式直接影响到示波器的有效操作。为了在荧光屏上得到稳定、清晰的信号波形，掌握基本的触发功能及其操作方法是十分重要的。

（1）触发源（Source）选择。要使屏幕上显示稳定的波形，则需将被测信号本身或者与被测信号有一定时间关系的触发信号加到触发电路。触发源选择确定触发信号由何处供给，通常有三种触发源：内触发（INT）、电源触发（LINE）、外触发（EXT）。

内触发使用被测信号作为触发信号，它是经常使用的一种触发方式。由于触发信号本身是被测信号的一部分,因此在屏幕上可以显示出非常稳定的波形。双踪示波器中通道1或者通道2都可以选作触发信号。

电源触发使用交流电源频率信号作为触发信号。这种方法在测量与交流电源频率有关的信号时是有效的。特别在测量音频电路闸流管的低电平交流噪声时更为有效。

外触发使用外加信号作为触发信号,外加信号从外触发输入端输入。外触发信号与被测信号间应具有周期性的关系。由于被测信号没有用作触发信号,所以何时开始扫描与被测信号无关。

正确选择触发信号对波形显示的稳定、清晰有很大关系。例如,在数字电路的测量中,对一个简单的周期信号而言,选择内触发可能好一些,而对于一个具有复杂周期的信号,且存在一个与它有周期关系的信号时,选用外触发可能更好。

(2) 触发耦合(Coupling)方式选择。触发信号到触发电路的耦合方式有多种,目的是为了触发信号的稳定、可靠。这里介绍常用的几种。

AC耦合又称电容耦合。它只允许用触发信号的交流分量触发,触发信号的直流分量被隔断。通常在不考虑DC分量时使用这种耦合方式,以形成稳定触发。但是如果触发信号的频率小于10Hz,会造成触发困难。

直流耦合(DC)不隔断触发信号的直流分量。当触发信号的频率较低或者触发信号的占空比很大时,使用直流耦合较好。

低频抑制(LFR)触发时,触发信号经过高通滤波器加到触发电路,触发信号的低频成分被抑制;高频抑制(HFR)触发时,触发信号通过低通滤波器加到触发电路,触发信号的高频成分被抑制。此外还有用于电视维修的电视同步(TV)触发。这些触发耦合方式各有自己的适用范围,需在使用中去体会。

(3) 触发电平(Level)和触发极性(Slope)。触发电平调节又叫同步调节,它使得扫描与被测信号同步。电平调节旋钮调节触发信号的触发电平,且一旦触发信号超过由旋钮设定的触发电平时,扫描即被触发。顺时针旋转旋钮,触发电平上升;逆时针旋转旋钮,触发电平下降。当电平旋钮调到电平锁定位置时,触发电平自动保持在触发信号的幅度之内,不需要电平调节就能产生一个稳定的触发。当信号波形复杂,用电平旋钮不能稳定触发时,用释抑(Hold Off)旋钮调节波形的释抑时间(扫描暂停时间),能使扫描与波形稳定同步。

极性开关用来选择触发信号的极性。拨在"＋"位置上时,在信号增加的方向上,当触发信号超过触发电平时就产生触发;拨在"－"位置上时,在信号减少的方向上,当触发信号超过触发电平时就产生触发。触发极性和触发电平共同决定触发信号的触发点。

6) 扫描方式(Sweep Mode)

扫描有自动(Auto)、常态(Norm)和单次(Single)三种扫描方式。

(1) 自动:当无触发信号输入,或者触发信号频率低于50Hz时,扫描为自激方式。

(2) 常态:当无触发信号输入时,扫描处于准备状态,没有扫描线。触发信号到来后,触发扫描。

(3) 单次:单次按钮类似复位开关。单次扫描方式下,按单次按钮时,扫描电路复位,此时准备好(Ready)灯亮。触发信号到来后产生一次扫描。单次扫描结束后,准备灯灭。单次扫描用于观测非周期信号或者单次瞬变信号,因此往往需要对波形拍照。

8

3. 信号发生器

凡是产生测试信号的仪器,统称为信号源,也称为信号发生器,如图1-2-4所示。

图1-2-4 信号发生器

它用于产生被测电路所需特定参数的电测试信号。在测试、研究或调整电子电路及设备时,为测定电路的一些电参量,如频率响应、噪声系数,为电压表定度等,都要求提供符合所定技术条件的电信号,以模拟在实际工作中使用的待测设备的激励信号。当要求进行系统的稳态特性测量时,需使用振幅、频率已知的正弦信号源;当测试系统的瞬态特性时,又需使用前沿时间、脉冲宽度和重复周期已知的矩形脉冲源,并且要求信号源输出信号的参数。例如:频率、波形、输出电压或功率等,能在一定范围内进行精确调整,有很好的稳定性,有输出指示。信号源可以根据输出波形的不同,划分为正弦波信号发生器、矩形脉冲信号发生器、函数信号发生器。

4. 万用表

万用表是电子实验和实训中必备的测试工具。它具有测量电流、电压和电阻等多种功能。万用表有指针式和数字式区别,常用的指针式有MF500型和MF-47(30)型。

1)观察和了解万用表的结构

万用表种类很多,外形各异,但基本结构和使用方法是相同的。常用万用表的结构和外形如图1-2-5所示。

MF500型万用表　　　　　MF-47型万用表　　　　　数字万用表

图1-2-5 常用万用表

万用表面板上主要有表头和选择开关,还有欧姆挡调零旋钮和表笔插孔。下面介绍各部分的作用:

（1）表头。万用表的表头是灵敏电流计。表头上的表盘印有多种符号，刻度线和数值。符号 A — V — Ω 表示这只电表是可以测量电流、电压和电阻的多用表。表盘上印有多条刻度线，其中右端标有"Ω"的是电阻刻度线，其右端为零，左端为∞，刻度值分布是不均匀的。符号"－"或"DC"表示直流，"～"或"AC"表示交流，"～"表示交流和直流共用的刻度线。刻度线下的几行数字是与选择开关的不同挡位相对应的刻度值。

表头上还设有机械零位调整旋钮，用以校正指针在左端指零位。

（2）选择开关。万用表的选择开关是一个多挡位的旋转开关，用来选择测量项目和量程。一般的万用表测量项目包括：mA——直流电流，V——直流电压，V——交流电压，Ω——电阻。每个测量项目又划分为几个不同的量程以供选择。

（3）表笔和表笔插孔。表笔分为红、黑两支。使用时应将红色表笔插入标有"＋"号的插孔，黑色表笔插入标有"－"号的插孔。

2）万用表的使用方法

（1）万用表使用前，应做到：万用表水平放置；检查表针是否停在表盘左端的零位，如有偏离，可用小螺丝刀轻轻转动表头上的机械零位调整旋钮，使表针指零；将表笔按上面要求插入表笔插孔；将选择开关旋到相应的项目和量程上就可以使用了。

（2）万用表使用后，应做到：拔出表笔；将选择开关旋至"OFF"挡，若无此挡，应旋至交流电压最大量程挡，如"交流1000V"挡；若长期不用，应将表内电池取出，以防电池电解液渗漏而腐蚀内部电路。

3）用万用表测量电压和电流

在实验实训中，常常用万用表测量电路中的电压和电流。

（1）测量直流电压。以 MF－47 型万用表为例，测量步骤是：

① 选择量程。万用表直流电压挡标有"V"，有 2.5V、10V、50V、250V 和 500V 5 个量程，根据电路中电源电压大小选择量程。若不清楚电压大小，应先用最高电压挡测量，逐渐换用低电压挡。

② 测量方法。万用表应与被测电路并联。如图 1－2－6 所示红笔应接被测电路和电源正极相接处，黑笔应接被测电路和电源负极相接处。

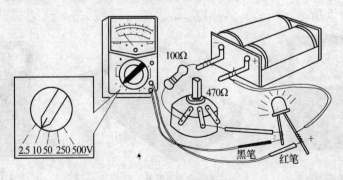

图 1－2－6　用万用表测电压接线图

③ 正确读数。仔细观查表盘，直流电压挡刻度线是第二条刻度线，用10V挡时，可用刻度线下第三行数字直接读出被测电压值。注意：在读数时，视线应正对指针。

（2）测量直流电流。

① 选择量程：万用表直流电流挡标有"mA"10 有 1mA、10mA、100mA 三挡量程。选择量程，应根据电路中的电流大小。如，不知电流大小时，应选用最大量程。

②测量方法：万用表应与被测电路串联。如图 1-2-7 所示，应将电路相应部分断开后，将万用表表笔接在断点的两端。红表笔应接在和电源正极相连的断点，黑表笔接在和电源负极相连的断点。

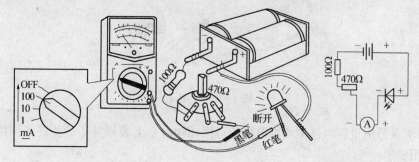

图 1-2-7　用万用表测量电流

③ 正确读数：直流电流挡刻度线仍为第二条，如选 100mA 挡时，可用第三行数字，读数后乘以 10 即可。

4）用万用表测电阻和测试电子元器件

万用表欧姆挡可以测量导体的电阻。欧姆挡用"Ω"表示，分为 R×1、R×10、R×100 和 R×1k 四挡，有些万用表还有 R×10k 挡。使用万用表欧姆挡测电阻，除前面讲的使用前应做到的要求外，还应遵循以下步骤。

① 将选择开关置于 R×100 挡，将两表笔短接调整欧姆挡零位调整旋钮，使表针指向电阻刻度线右端的零位。若指针无法调到零点，说明表内电池电压不足，应更换电池。

② 用两表笔分别接触被测电阻两引脚进行测量。正确读出指针所指电阻的数值，再乘以倍率（R×100 挡应乘 100，R×1k 挡应乘 1000……），就是被测电阻的阻值。

③ 为使测量较为准确，测量时应使指针指在刻度线中心位置附近。若指针偏角较小，应换用 R×1k 挡，若指针偏角较大，应换用 R×10 挡或 R×1 挡。每次换挡后，应再次调整欧姆挡零位调整旋钮，然后再测量。

④ 测量结束后，应拔出表笔，将选择开关置于"OFF"挡或交流电压最大挡位，并收好万用表。

测量电阻时应注意：被测电阻应从电路中拆下后再测量；两支表笔不要长时间碰在一起；两只手不能同时接触两根表笔的金属杆、或被测电阻两根引脚，最好用右手同时持两根表笔；长时间不使用欧姆挡，应将表中电池取出。

5. 摇表

摇表又称兆欧表，如图 1-2-8 所示。它是用来测量被测设备的绝缘电阻和高值电阻的仪表，且由一个手摇发电机、表头和三个接线柱（即 L：线路端、E：接地端、G：屏蔽端）组成。

1）摇表的选用　选用摇表时，其额定电压一定要与被测电器设备或线路的工作电压

图 1 - 2 - 8 摇表

相适应,测量范围也应与被测绝缘电阻的范围相吻合。下表列举了一些在不同情况下摇表的选用要求。

通常额定电压为 1000V 及以上电气设备,使用 2500V 摇表;额定电压在 1000V 以下的电气设备,使用 1000V 摇表;额定电压不足 500V(如 380V)的电气设备,使用 500V 摇表;额定电压为 220V 及以下的电气设备,可选用 250V 摇表;额定电压在 35kV 及以上的电气设备,使用 5000V 摇表。

2)摇表的接线和使用方法

摇表有三个接线柱,上面分别标有线路(L)、接地(E)和屏蔽或保护环(G)。

(1)照明及动力线路对地绝缘电阻的测量,将摇表接线柱 E 可靠接地,接线柱 L 与被测线路连接。按顺时针方向由慢到快摇动摇表的发电机手柄,大约 1min 时间,待摇表指针稳定后读数。这时摇表指示的数值就是被测线路的对地绝缘电阻值,单位是兆欧(MΩ)。

(2)电动机绝缘电阻的测量。拆开电动机绕组的 Y 或 Δ 形联结的接线,用摇表的两接线柱 E 和 L 分别接电动机的两相绕组,摇动摇表的发电机手柄读数,此接法测出的是电动机绕组的相间绝缘电阻。接线柱 E 接电动机机壳(应清出机壳上接触处的漆或锈等),接线柱 L 接电动机绕组上摇动摇表的手柄读数,测量出电动机对地绝缘电阻。

(3)电缆绝缘电阻的测量。将摇表接线柱 E 接电缆外壳,接线柱 G 接电缆线芯与外壳之间的绝缘层上,接线柱 L 接电缆线芯,摇动摇表的发电机手柄读数。测量结果是电缆线芯与外壳的绝缘电阻值。

3)使用注意事项

(1)测量设备的绝缘电阻时,必须先切断设备的电源。对含有较大电容的设备(如电容器、变压器、电机及电缆线路),必须先进行放电。

(2)摇表应水平放置,未接线之前,应先摇动摇表,观察指针是否在"∞"处。再将 L 和 E 两接线柱短路,慢慢摇动摇表,指针应在零处。经开、短路试验,证实摇表完好方可进行测量。

(3)摇表的引线应用多股软线,且两根引线切忌绞在一起,以免造成测量数据不准确。

(4)摇表测量完毕,应立即使被测物放电,在摇表未停止转动和被测物未放电之前,

12

不可用手去触及被测物的测量部位或进行拆线,以防止触电。

（5）被测物表面应擦试干净,不得有污物（如漆等）,以免造成测量数据不准确。

6. 接地电阻仪

接地电阻包括:接地导线上的电阻、接地体本身的电阻、接地体与大地间的接触电阻和大地电阻。前两项电阻较小,测量接地电阻主要是后两项。接地电阻与接地金属体和大地的接触面积的大小以及接触程度的好坏有关,还与大地的湿度有关。

当工程竣工时,必须进行一次接地电阻试验,以后还要定期进行试验。如果接地电阻值不符合要求时,则需增加接地极或对土壤进行处理,以减小接地电阻使之达到规定的要求。接地电阻的测量方法很多,如伏安法、电桥法、直读仪表测量法等。

接地电阻仪使用如图 1-2-9 所示。

（1）将电位探测针插在被测接地电极和电流探测针之间,按直线布置,彼此相距 20m,再用导线将被测端连接在仪表的相应端钮 E、P、C 上。

（2）将仪表水平放置,检查检流计的指针是否指在零位上,如果有偏差可调节零位调整器加以校正。

（3）将"倍率标度"置于最大的倍数,慢慢转动发电机的手柄,同时转动"测量标度盘",使检流计的指针处于中心线的位置上。

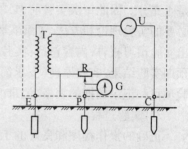

图 1-2-9　接地电阻仪使用

（4）当检流计的指针接近平衡时,加快发电机的手柄,使其转速达到 120r/min 以上,再转动"测量标度盘"使指针指于中心线上。

（5）如果"测量标度盘"的读数小于 1Ω 时,应将"倍率标度"置于较小的倍数挡,并重新调整"测量标度盘",从而得到正确的读数。

1.3　电工电子实验的目的、要求和方法

1. 电工电子实验目的和意义

电工电子实验是电工电子技术教学中一个重要的组成部分。通过实验,学生可以获得必要的感性认识,进一步巩固所学电工电子理论知识,通过实验学习基本电路的连接方法和常用电气设备及电工电子仪表的使用方法,既能验证理论的正确性和实用性,又能从中发现理论的近似性和局限性。在实验过程中,往往可以发现新问题,产生新的设想,从而不仅加深学生对理论的理解,而且培养学生的创新意识和创造能力。

2. 实验的要求

学生在实验过程中应该达到下述要求:

（1）看懂基本电路图,具有分析电路的能力;具有识别并合理选用元器件,并构成小系统电路的能力。

（2）掌握查阅和利用技术资料解决实际问题的方法;具有分析和排除基本电路一般故障的能力。

（3）掌握常用电工电子测量仪器的选择、仪器说明书的使用和仪器的使用方法;掌握各种电信号的基本测试方法。

（4）能够根据实验任务拟定实验方案，独立完成实验，写出严谨的、有理论分析的、实事求是的、文字通顺和字迹端正的实验报告。

（5）具有严肃、认真的工作习惯和实事求是的科学态度。

（6）掌握实验室的安全用电知识。

3. 实验方法

为了达到前述实验的预期目的和要求，必须做好实验前的预习，进行实验和实验报告等几个主要环节。

1）实验预习

实验能否顺利进行并收到预期的效果，很大程度上取决于实验前的预习和准备工作是否充分。因此每次实验前，必须详细阅读实验讲义，明确本次实验的目的与任务，掌握必要的实验理论和方法，了解实验内容和实验设备的使用方法，并在此基础上简要地填写出实验预习报告，内容包括：实验名称、日期、班级、姓名、学号，实验目的，完成预习要求，预期实验结果，实验原理（要求简明扼要），实验电路图，实验设备，实验内容（只要求写实验项目和记录数据的表格、记录波形图的坐标）等。

2）实验过程

正确的操作程序和良好的工作方法是实验顺利进行的保证。因此，实验时要求做到：

（1）按编号入坐后，认真检查本次实验使用元器件的型号、规格、数量及质量是否符合要求，检查所用电子仪器设备的状况，若发现故障应报告指导教师及时排除，以免耽误上课时间。

（2）认真听取指导教师对实验的介绍。

（3）根据实验电路的结构特点，采用合理的接线步骤。一般按"先串联后并联"，"先接主电路后接辅助电路"的顺序进行，以避免遗漏和重复。接线完毕，要养成自查的习惯。

（4）实验电路接好后，检查（自查、互查、教师抽查）无误方可接入电源（注意：接入电源前要调整好电源，使其大小和极性满足实验要求）。要养成实验前"先接实验电路后接通电源"，实验完毕后，"先断开电源后拆实验电路"的操作习惯。

（5）电路接通后，不要急于测定数据，要按实验预习时所预期的实验结果，概略地观察全部现象以及各仪表的读数变化范围，然后开始逐项实验。测量时要有选择地读取几组数据（为便于检查实验数据的正确性，实验时应带计算器），且读取数据时，要尽可能在仪器仪表的同一量程内读数，以减少由于仪器仪表量程不同而引起的误差。

（6）如实验中要求绘制曲线，应尽量多读几组数据，这样画出的曲线才能比较平滑准确。

（7）测量数据经自审无误后送指导教师复核，经检查正确后才拆掉电路，以免因数据错误需要重新接线测量，而花费不必要的时间。

（8）实验结束后，应做好仪器设备和导线的整理以及实验台面的清洁工作，做到善始善终。

3）实验报告

实验报告是实验工作的全面总结，写报告的过程，就是对电路的设计方法和实验方法加以总结，对实验数据加以处理，对所观察的现象、所出现的问题以及采取的解决方法加以分析、总结的过程。实验报告要求文理通顺、简明扼要、字迹端正、图表清晰、结论正确、分析合理。

（1）在预习报告的基础上，对实验的原始数据进行整理，用适当的表格列出测量值和理论值,按要求绘制好波形图、曲线图等。

（2）运用实验原理和掌握的理论知识对实验结果进行必要的分析和说明,从而得出正确的结论。

（3）对实验中存在的一些问题进行讨论,并回答思考题。

1.4 电工电子实训的目的、要求和方法

1. 实训的目的

职业教育最显著的办学特色在于技能性、实践性和职业性,加强实训教学是职业教育的关键环节。实训教学是职业教育中对学生实施职业技能训练和职业素质培养的重要举措,也是职业教育办学特色和提高教育教学质量的重要保证。

职业学校培养的是技能人才,学生应该具有一定的专业技能,对于电子类的学生来说,就是要通过一定的基础及专业的训练,获取在元器件的识别、仪表及工具的使用、电路装配工艺、电器的使用和维修、电气产品的设计等方面的操作技能。

2. 实训的方法及要求

职业类电类专业学生毕业要进行职业能力的鉴定,他们的职业能力通过实训必须达到中级技能要求。专业实训根据实际情况,一般分为基础技能训练、专业技能和综合技能训练三个阶段。

1）基础技能训练阶段

基础技能训练是培养学生专业技能的前提和基础,是技能训练的初级阶段。

（1）培养学生正确熟练使用仪表和工具的技能。

（2）培养学生检测元器件技能。一个电气装置或电气产品由许多电路元器件组成的,如果其中有一个元器件不符合技术要求,安装的电路就不能正常工作,所以要在电路装置安装前检测电路元器件,通过检测来判断元器件的性能和质量。让学生认识常用的元器件及常用参数,掌握常用仪器仪表的使用方法。在一定的条件下,对于不同的元器件,能灵活使用不同的测量方法,能把元器件性能和测量工具有机地结合起来。例如,用万用表来确定晶体管的类型和管脚名称以及管子性能,用万用表检测继电器的好坏,用摇表检查电动机的绕组绝缘情况。

（3）培养学生手工焊接技能。手工焊接技术是电子工程技术中应用最普遍的焊接技术,在电气工程中占有重要的地位,是电子实践操作应掌握的技能之一。在电子实训中,首先向学生介绍电烙铁结构,锡焊焊接机理,焊料及助焊剂的作用,手工焊点的技术标准,从而使学生对手工焊接技术有一个大体了解。在操作练习中,讲解电烙铁的握法,五步焊接法的要领,即：准备焊接、加热被焊工件、加焊料、移去焊料、移去电烙铁,以及拆焊与更换元器件,焊接时间控制等基本操作。

（4）培养学生的电路读图能力。电子线路的读图即正确地认识电子设备的原理图,是技能操作的基础。只有正确地识图,才能掌握电路的结构,清楚电路的功能。所以培养学生的读图能力是学生在电子技能培训中的一个关键环节。读图能力是以扎实的理论知识为基础的,把理论知识融合在能力培养中,以能力培养为主来强化学生的理论知识。通过读图,掌握了电路的工作原理和结构,对于电路中各检测点波形的大致形状及各元器件

的作用了解清楚,从而在电路调试或故障处理过程中能有的放矢,起到事半功倍的效果。

电工电路的读图,在了解各个元器件的动作原理的基础上还要清楚它们之间的相互作用,分析整个电路的动作原理和控制过程。

该阶段训练的内容包括:阶段的训练,要求学生清楚技术动作要领及工艺要求,反复训练,熟能生巧。这个阶段训练往往在新生刚接触专业时期,要注意培养学生的兴趣,调动学生的积极性。训练要落到实处,不可急于求成。

2）专业技能训练阶段

主要是针对单元电路的技能训练。这就要求学生既明白原理,又具有一定的动手解决问题的能力。这个阶段通常是在学生具有一定的基本操作技能和了解基本单元电路原理之后进行的,训练过程中要先易后难,从学习用仪表检查电路基本方法开始,到逐步掌握电路的基本分析方法和电路故障一般处理步骤。

学生要自己装接基本电子单元电路或兴趣实用小电路,并实施检修。笔者认为自己用覆铜板制作印制电路并安装是成本低、可操作、学生兴趣广的一种可行实训方式。在这个过程中,学生可以学习到:据电路图设计印制图,腐蚀电路板,安装焊接电路,检查通电调试,故障处理等技能。当然如果条件许可,还可以用计算机绘图制版。

电路安装是把理论实物化的过程,要求元器件布局均匀,走线合理,信号流向顺畅,避免产生强干扰信号。电路安装应树立全局观念,注意电路板的分块与布置,注意安装、调试和维修的方便,尽可能注意整体布局的美观。电路调试是电子制作过程中的重要环节,通过电路调试操作的练习,培养学生熟练使用测量仪器仪表的能力,如示波器,要懂得示波器的工作原理,能准确地调整示波器的状态。培养学生理论和实际相结合的能力,在调试中能熟练地运用理论知识。培养学生根据现象判断电路工作状态能力,例如,在调试晶体管放大电路时,能根据电路输出波形,判断出电路的静态工作点是否正常。培养学生排除故障的能力,对不能正常工作的电路,能查找出故障点并尽快排除。

电工电路的安装和检修更能训练学生的实践动手能力。现在常见的做法是用低压器件在木板上进行模拟电力拖动线路进行布线安装,整个过程可以加深学生对电路图的了解、元器件布置及训练实物接线能力,不带电检查电路、带电操作和检修电路的能力。

3）综合技能训练阶段

学生在具有一定理论和操作基础后,毕业前要进行综合技能训练,这个阶段可以结合实训条件,且学生根据喜好,自己设计制作实用电路,也可以进行大一点的专门电路及电器的安装检修,重点训练学生综合能力,特别是故障处理能力。例如:万用表电路、收音机电路、电视机电路的装接等。

可以根据条件让学生参与对大型机床电路的检修和维护工作。

1.5 安 全 用 电

安全用电,是指在保证人身及设备安全前提下,正确地使用电力而采取的科学措施和手段。学习安全用电知识就是要在生活和生产实践中避免电气事故的发生,使人身免受伤亡,设备免遭毁坏。本节内容包括触电原因,危害及急救方法,安全用电的技术措施。

1. 触电

人体是导体,人体触及带电体时,有电流通过人体,电流对人体造成的伤害就是触电。

1) 触电方式

人体触电主要方式有两种:直接或间接接触带电体以及跨步电压触电。直接接触又可分为单极接触和双极接触。

(1) 单极触电。当人站在地面或其他接地体上,人体的某一部位触及一相带电体时,电流通过人体流入大地(或中性线),称为单相触电,如图1-5-1所示。图1-5-1(a)为电源中性点接地运行方式时,单相的触电电流途径;图1-5-1(b)为中性点不接地的单相触电情况。一般情况下,接地电网里的单相触电比不接地电网里的危险性大。

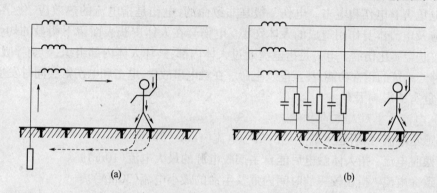

图1-5-1 单相触电
(a) 中性点直接接地单相触电;(b) 中性点不直接接地单相触电。

(2) 双极触电。如图1-5-2所示,人体同时触及带电设备或线路中的导体而发生的触电方式叫双相触电。它的危害程度要比单相触电严重得多。

(3) 跨步电压触电。当电气设备发生接地故障,接地电流通过接地体向大地流散,在地面上形成电位分布时,若人在接地短路点周围行走,其两脚之间的电位差,就是跨步电压。由跨步电压引起的人体触电,称为跨步电压触电,如图1-5-3所示。

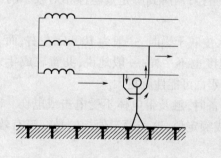

图1-5-2 双相触电

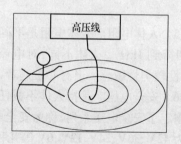

高压线

图1-5-3 跨步电压触电

(4) 剩余电荷触电。剩余电荷触电是指当人触及带有剩余电荷的设备时,带有电荷的设备对人体放电造成的触电事故。

设备带有剩余电荷,通常是由于检修人员在检修中摇表测量停电后的并联电容器、电力电缆、电力变压器及大容量电动机等设备时,检修前、后没有对其充分放电所造成的。

2）触电原因

产生触电事故有以下原因：

（1）缺乏用电常识，因此触及带电的导线。

（2）没有遵守操作规程，人体直接与带电体部分接触。

（3）由于用电设备管理不当，使绝缘损坏，发生漏电，人体碰触漏电设备外壳。

（4）高压线路落地，造成跨步电压引起对人体的伤害。

（5）检修中安全组织措施和安全技术措施不完善，接线错误，造成触电事故。

（6）其他偶然因素，如人体受雷击等。

3）触电危害

触电危害有电伤和电击。电伤一般是非致命的，电伤是指电流的热效应、化学效应、机械效应及电流本身作用造成的人体伤害。电伤会在人体皮肤表面留下明显的灼伤、电烙伤和皮肤金属化伤痕。电击是指电流通过人体内部，破坏人体内部组织，影响呼吸系统、心脏及神经系统的正常功能，甚至危及生命。在触电事故中，电击和电伤常会同时发生。

4）危害的影响因素

（1）电流大小对人体的影响。

① 感觉电流：指引起人的感觉的最小电流（1mA～3mA）。

② 摆脱电流：指人体触电后能自主摆脱电源的最大电流（10mA）。

③ 致命电流：指在较短的时间内危及生命的最小电流（30mA）。

（2）电流的类型。工频交流电的危害性大于直流电，一般 40Hz～60Hz 的交流电对人最危险。

（3）电流的作用时间。通过电流的时间越长，越易造成心室颤动，生命危险性也就越大。据统计，触电 1min～5min 内进行急救，90% 效果良好，10min 内有 60% 的救生率，而超过 15min，则希望甚微。

（4）电流路径。电流通过头部可使人昏迷；通过脊髓可能导致瘫痪；通过心脏会造成心跳停止，血液循环中断；通过呼吸系统会造成窒息。因此，从左手到胸部是最危险的电流路径；从手到手、从手到脚也是很危险的电流路径；从脚到脚是危险性相对较小的电流路径。

（5）人体电阻。人体电阻是不确定的电阻，皮肤干燥时，一般为 $100k\Omega$ 左右，而一旦潮湿可降到 $1k\Omega$。人体不同，对电流的敏感程度也不一样，一般地说，儿童较成年人敏感，女性较男性敏感。患有心脏病者，触电后的死亡可能性就更大。

（6）安全电压。是指人体不戴任何防护设备时，触及带电体不受电击或电伤。国家标准制定了安全电压系列，称为安全电压等级或额定值，这些额定值指的是交流有效值，分别为 42V、36V、24V、12V、6V 等几种。

2. 触电急救

发生触电事故时，在保证救护者本身安全的同时，必须首先设法使触电者迅速脱离电源，然后进行以下抢修工作。

（1）解开妨碍触电者呼吸的紧身衣服。

（2）检查触电者的口腔，清理口腔的黏液，如有假牙，则取下。

（3）立即就地进行抢救，如呼吸停止，采用口对口人工呼吸法抢救，若心脏停止跳动或不规则颤动,可进行人工胸外挤压法抢救,绝不能无故中断。

发生触电事故时,如果现场除救护者之外,还有第二人在场,则还应立即进行以下工作:

(1) 提供急救用的工具和设备。

(2) 劝退现场闲杂人员。

(3) 保持现场有足够的照明和保持空气流通。

(4) 向领导报告,并请医生前来抢救。

3. 日常用电常识

(1) 不要购买"三无"的假冒伪劣电器产品。

(2) 使用家电时,应有完整可靠的电源线插头。对金属外壳的家用电器都要采用接地保护。家用电器与电源连接,必须采用可开断的开关或插接头,禁止将导线直接插入插座孔。

(3) 每户家用电表前必须装有总保险,电表后应装有总刀闸和漏电保护开关,不能在地线上和零线上装设开关和保险丝。禁止将接地线接到自来水、煤气管道上。家用电器通电后发现冒火花、冒烟或有烧焦味等异常情况时,应立即停机并切断电源,进行检查。

(4) 保险丝的大小一定要与用电容量匹配。一般保险丝应是电表容量的 1.2 倍 ~ 2 倍。选用的保险丝应是符合规定的一根,而不能以小容量的保险丝多根并用,更不能用铜丝代替保险丝使用

(5) 更换保险丝时,要拔下瓷盒盖更换,不得直接在瓷盒内搭接保险丝,不得在带电情况下(未拉开刀闸)更换保险丝。保险丝烧断或漏电开关动作后,必须查明原因才能再合上开关电源。任何情况下不得用导线将保险短接或者压住漏电开关跳闸机构强行送电。

(6) 不要用湿手接触带电设备,不要用湿布擦抹带电设备。

(7) 不要私拉乱接电线,不要随便移动带电设备。

(8) 检查和修理家用电器时,必须先断开电源。

(9) 家用电器的电源线破损时,要立即更换或用绝缘布包扎好。

(10) 家用电器或电线发生火灾时,应先断开电源再灭火。

(11) 电设备不使用时应尽量断开电源;改造陈旧失修的接户线;安装带过电压保护漏电开关。

4. 防止电气火灾事故

首先,在安装电气设备的时候,必须保证质量,并应满足安全防火的各项要求。要用合格的电气设备,破损的开关、灯头和破损的电线都不能使用,电线的接头要按规定连接法牢靠连接,并用绝缘胶带包好。对接线桩头、端子的接线要拧紧螺丝,防止因接线松动而造成接触不良。电工安装好设备后,并不意味着可以一劳永逸了,用户在使用过程中,如发现灯头、插座接线松动(特别是移动电器插头接线容易松动)、接触不良或有过热现象,要找电工及时处理。

其次,不要在低压线路和开关、插座、熔断器附近放置油类、棉花、木屑、木材等易染物品。

电气火灾前,都有一种前兆,要特别引起重视,就是电线因过热首先会烧焦绝缘外皮,散发出一种烧胶皮、烧塑料的难闻气味。所以,当闻到此气味时,应首先想到可能是电气方面原因引起的,如查不到其他原因,应立即拉闸停电,直到查明原因,妥善处理后,才能

合闸送电。

　　万一发生了火灾，不管是否是电气方面引起的，首先要想办法迅速切断火灾范围内的电源。因为，如果火灾是电气方面引起的，切断了电源，也就切断了起火的火源；如果火灾不是电气方面引起的，也会烧坏电线的绝缘，若不切断电源，烧坏的电线会造成碰线短路，引起更大范围的电线着火。发生电气火灾后，应使用盖土、盖沙或灭火器，但决不能使用泡沫灭火器，因为这种灭火剂是导电的。

第 2 章　电工电子实验

电工电子实验是巩固理论知识的一种重要的手段,通过实验可以加深对理论知识的理解和掌握,培养独立分析问题和解决问题的能力。同时,通过动手操作,对各种常用仪器仪表的使用也是一个学习的过程,对下一步的电工电子实训将起到十分重要的作用。

2.1　直流电路实验

【实验 1】　直流电路的认识

1. 实验目的

(1) 测定线性电阻和非线性电阻的伏安特性。

(2) 了解伏特计、安培计和万用表的使用方法,并熟悉电工仪表的表示符号、准确度等级与测量误差。

(3) 学习直流稳压电源的使用方法。

2. 实验仪器和元器件

直流稳压电源　　　　　1 台

直流毫安计　　　　　　1 块

直流伏特计　　　　　　1 块

数字万用表　　　　　　1 块

电路实验板　　　　　　1 块

3. 实验步骤和内容

1) 测定电阻元器件和稳压管

(1) 从数字万用表各挡中选取合适的挡次,测定电阻的阻值。

(2) 从数字万用表各挡中选取合适的挡次,测定稳压管正、反向电阻的阻值。

2) 线性电阻元器件伏安特性的测定

将稳压电源的输出调至 0V,按图 2-1-1 连接电路,然后按表 2-1-1 所列数值改变稳压电源的输出电压,测出相应的电流值填入表 2-1-1 中,并画出线性电阻伏安特性曲线。

表 2-1-1　电阻伏安特性测试表

U/V	0	2	3	6	8
I/mA					

3) 稳压管伏安特性的测定

(1) 正向特性。按图 2-1-2 接线,先将稳压电源的输出电压由 0V 调至 6V,观察电流表上电流值的变化。然后用万用表测量稳压管两端电压,选取 8 组数据填入表 2 - 1 - 2 中。所选数据既要能满足正向特性曲线的整体要求,又要能反映曲线变化的细节。

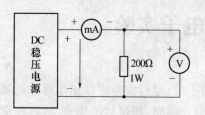

图 2 - 1 - 1 电阻伏安特性测试连接图

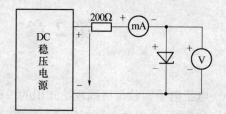

图 2 - 1 - 2 稳压管正向特性测试连线图

表 2 - 1 - 2 稳压管正向特性测试表

U / V								
I / mA								

（2）反向特性。按图 2 - 1 - 3 接线（只需将图 2 - 1 - 2 中稳压管反接即可）。先将稳压电源的输出电压由 0V 调至 9V,观察电流表上电流的变化。然后用万用表测量稳压管两端电压,选取 8 组数据填入表 2 - 1 - 3 中。所选数据既要能满足反向特性曲线的整体要求,又要能反映曲线变化的细节。

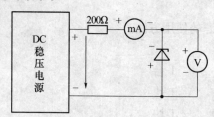

图 2 - 1 - 3 稳压管反向特性测试连线图

表 2 - 1 - 3 稳压管反向特性测试表

U / V								
I / mA								

4. 思考与练习

（1）画出电阻、稳压管伏安特性曲线,并分析两者伏安特性的区别。

（2）记录实验结果并写出实验报告。

【实验2】 叠加原理、戴维南定理实验

1. 实验目的

（1）通过实验验证并加深理解叠加定理和戴维南定理。

（2）进一步熟悉直流安培计、万用表、直流稳压电源的使用方法。

2. 实验仪器和元器件

电路实验板   1 块

22

直流电路单元板(TS – B – 28)	1块
双路直流稳压电源	1台
直流毫安计	1块
数字万用表	1块
检流计(或直流微安表 TS – B – 01)1块
十进制电阻箱	1只
滑线变阻器	1只
导线若干

3. 实验步骤和内容

1)叠加原理

(1)将双路稳压电源的电压粗调旋钮置于适当挡次,调节细调旋钮,使一路输出电压为 $E_1 = 10V$,另一路输出电压为 $E_2 = 8V$(用万用表的直流电压挡测定),然后关闭稳压电源,待用。

(2)按图 2 – 1 – 4 所示实验电路接线。

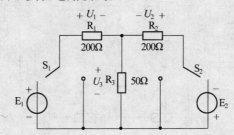

图 2 – 1 – 4   叠加原理验证电路

(3)按以下三种情况进行实验(任何一个电源单独作用时,另一个电源短接):

① E_1 单独作用时,填表 2 – 1 – 4。

表 2 – 1 – 4   叠加原理测试表(1)

项　目	测　量　值			计　算　值		
	电 压/V			电 压/V		
项　目	U'_1	U'_2	U'_3	U'_1	U'_2	U'_3
E_1 单独作用						

② E_2 单独作用时,填表 2 – 1 – 5。

表 2 – 1 – 5   叠加原理测试表(2)

项　目	测　量　值			计　算　值		
	电 压/V			电 压/V		
项　目	U''_1	U''_2	U''_3	U''_1	U''_2	U''_3
E_2 单独作用						

③ E_1、E_2 共同作用时,填表 2 – 1 – 6。

表 2-1-6 叠加原理测试表(3)

项 目	测 量 值			计 算 值		
	电 压/V			电 压/V		
项 目	U_1	U_2	U_3	U_1	U_2	U_3
E_1、E_2 共同作用						

（4）验证叠加原理。

（5）注意事项。

① 进行上述三项实验时,注意各电压分量 U'_1、U'_2、U'_3 和 U''_1、U''_2、U''_3 之值的正负。

② 注意万用表直流电压挡量程的选择。

2）戴维南定理

本实验在直流电路单元板(TS-B-28)上进行。按图 2-1-5 接线,使 U_1 =25V。本实验选择 C、D 两端左侧为含源二端口网络。

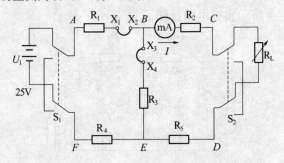

图 2-1-5 戴维南定理验证电路

（1）测量含源二端口网络的外部伏安特性:调节二端口网络外接电阻 R_L 的数值,使其分别为表 2-1-7 中的数值,测量通过 R_2 的电流和 C、D 两端电压,将测量结果填入表 2-1-7 中,其中 R_L =0 时的电流为短路电流。

表 2-1-7 戴维南定理测试表(1)

R_L/Ω	0	500	1k	1.5k	2k	2.5k	开路
I/mA							
U/V							

（2）验证戴维南定理。

① 分别用直接测量法和补偿法测量 C、D 端口网络的开路电压 U_{OC};

② 用补偿法(或直接测量法)所测得的开路电压 U_{OC} 和步骤 1 中测得的短路电流 $(R_L =0)I_{SC}$,计算 C、D 端入端等效电阻

$$R_{CD} = R_i = \frac{U_{OC}}{I_{SC}}$$

③ 按图原理构成戴维南等效电路,其中电压源用直流稳压电源代替,调节电源输出电压,使之等于 U_{OC},R_i 用电阻箱代替在 C、D 端接入负载电阻 R_L,如图 2-1-5 所示,按

24

和表 2 - 2 - 7 相同的电阻值,测取电流和电压,填入表 2 - 1 - 8 中。

表 2 - 1 - 8   戴维南定理测试表(2)

R_L/Ω	0	500	1k	1.5k	2K	2.5k	开路
I/mA							
U/V							

④ 将表 2 - 1 - 7 和表 2 - 1 - 8 中的数据进行比较,验证戴维南定理。

4. 思考与练习

(1) 根据实验数据,验证叠加原理和戴维南定理的正确性,并分析产生误差的原因。

(2) 根据戴维南定理用各种方法测得的 U_{OC} 和 R_i 与预习时电路计算的结果进行比较,能得出什么结论。

(3) 归纳、总结实验结果。

(4) 写出心得体会及其他。

2.2   正弦交流电路实验

【实验1】   日光灯电路和功率因数的提高

1. 实验目的

(1) 了解日光灯电路的组成及基本工作原理,掌握其安装方法。

(2) 研究并联于感性负载的电容 C 对提高功率因数的影响。

2. 实验仪器和元器件

交流电压表	1 块
交流电流表	1 块
功率表	1 块
电容箱	1 块
日光灯套件	1 套

3. 实验步骤和内容

(1) 按图 2 - 2 - 1 接线并经检查后,接通电源,电压增加至 220V。

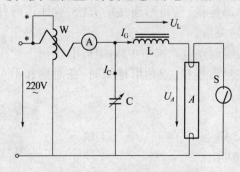

图 2 - 2 - 1   日光灯实验接线图

25

（2）改变可变电容箱的电容值，先使 $C=0$，测日光灯单元（灯管、镇流器）两端的电压及电源电压，读取此时的电流及功率表读数 P，填入表 2−2−1 中。

（3）逐渐增加电容 C 的数值，测量各支路的电流和总电流。当电容值超过 $6\mu F$ 时，会出现过补偿，请同学们仔细观察。

（4）绘出 $I=f(C)$ 的曲线，分析讨论。

表 2−2−1　日光灯实验测试表

电容/μF	总电压 U/V	U_L/V	U_A/V	总电流 I/mA	功率 P/W	cosφ	相位角 φ
0							
0.47							
1.0							
1.47							
2.0							
3.0							
4.0							
4.47							
5.0							
5.47							
6.0							
7.0							
8.0							

4. 思考与练习

（1）完成上述数据测试，并列表记录。

（2）绘出总电流 $I=f(C)$ 曲线，并分析讨论。

（3）提高功率因数的意义何在？为什么并联电容能提高功率因数？并联的电容 C 是否越大越好？

（4）根据实验完成实验报告。

【实验2】　三相交流电路电压、电流的研究实验

1. 实验目的

（1）进一步练习复杂电路的连线及交流仪表的使用。

（2）掌握三相负载星形连接、三角形连接的方法，验证这两种接法下线电压与相电压、线电流与相电流之间的关系。

（3）充分理解三相四线制供电系统中中线的作用。

（4）研究三相负载在星形连接、三角形连接时，在对称和不对称的情况下，线、相电压，线、相电流之间的关系。

2. 实验仪器和元器件

交流电流表(0A ~ 0.5A)	1块
交流电压表(0V ~ 500V)	1块
万用表	1块
三相自耦调压器	1台

26

| 三相灯组负载(220V/15W) | 1个 |
| 电门插座 | 1个 |

3. 实验步骤和内容

1) 三相负载星形连接(三相四线制供电)

按图 2-2-2 线路组接实验电路。即三相灯组负载经三相自耦调压器接通三相对称电源。将三相调压器的旋柄置于输出为 0V 的位置(即逆时针旋到底)。经指导教师检查合格后,方可开启实验台电源,然后调节调压器的输出,使输出的三相线电压为 220V,并按下述内容完成各项实验,分别测量三相负载的线电压、相电压、线电流、相电流、中线电流、电源与负载中点间的电压。将所测得的数据记入表 2-2-2 中,并观察各相灯组亮暗的变化程度,特别要注意观察中线的作用。

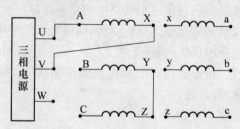

图 2-2-2 三相负载星形连接实验电路

表 2-2-2 三相负载星形连接测试表

测量数据实验内容(负载情况)	开灯盏数			线电流/A			线电压/V			相电压/V			中线电流 I_0/A	中点电压
	A 相	B 相	C 相	I_A	I_B	I_C	U_{AB}	U_{BC}	U_{CA}	U_{AO}	U_{BO}	U_{CO}		
Y_0 接平衡负载	3	3	3											
Y 接平衡负载	3	3	3											
Y_0 接不平衡负载	1	2	3											
Y 接不平衡负载	1	2	3											
Y_0 接 B 相断开	1		3											
Y 接 B 相断开	1		3											
Y 接 B 相短路	1		3											

2) 负载三角形连接(三相三线制供电)

按图 2-2-3 改接线路,经指导教师检查合格后接通三相电源,并调节调压器,使其输出线电压为 220V,并按表 2-2-3 的内容进行测试。

表 2-2-3 负载三角形连接测试表

测量数据负载情况	开灯盏数			线电压 = 相电压/V			线电流/A			相电流/A		
	A-B 相	B-C 相	C-A 相	U_{AB}	U_{BC}	U_{CA}	I_A	I_B	I_C	I_{AB}	I_{BC}	I_{CA}
三相平衡	3	3	3									
三相不平衡	1	2	3									

27

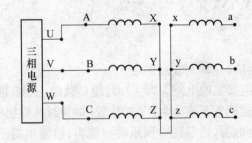

图 2 - 2 - 3　负载三角形连接实验电路

4. 思考与练习

（1）用实验测得的数据验证对称三相电路中的 $\sqrt{3}$ 关系。

（2）用实验数据和观察到的现象,总结三相四线供电系统中中线的作用。

（3）不对称三角形连接的负载,能否正常工作? 实验是否能证明这一点?

（4）根据不对称负载三角形连接时的相电流值作相量图,并求出线电流值,然后与实验测得的线电流作比较,分析之。

（5）写出心得体会及实验报告。

【实验3】　变压器参数测定及绕组极性判别

1. 实验目的:

（1）学习单相变压器的空载、短路实验和负载实验的方法。

（2）掌握利用单相变压器的空载、短路实验测定单相变压器的参数。

（3）三相变压器相间极性和原、副边极性测定。

2. 实验仪器和元器件

交流电压表	2 块
交流电流表	2 块
单三相智能功率、功率因数表	1 块
三相心式变压器	1 台
单相变压器	1 台
单相调压器	1 台

3. 实验步骤和内容

1）单相变压器参数测定

（1）空载实验。

① 空载实验在低压侧进行,即低压端接电源,高压端开路。

② 按图 2 - 2 - 4 接线,经检查无误后方可闭合电源开关。

③ 调节调压器电压,观察实验台上仪表 U_2,（变压器 U_k）,使其逐渐升高到变压器额定电压的 50% U_N,（$U_N = 110V$）。

④ 读取变压器 U_2（变压器 U_k）,及 U_1（标有变压器 U_p 的电压表）值,并做好记录,计算出变压器的变比 $K(K = U_1 / U_2)$。

⑤ 继续逐渐升高电压至 1.2 U_N,然后逐渐降低电压,每次测量空载电压 U_o,空载电

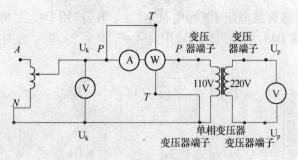

图 2-2-4 单相变压器空载实验

流 I_o 及空载损耗 P_o（单相功率），在 $1.2\ U_N \sim 0.3\ U_N$ 范围内，共读取 6 组~7 组数据，记录于下表，注意：U_N 点最好测出。

表 2-2-4 单相变压器空载实验表

序号	实验数据			计算数据		
	U_o/V	I_o/A	P_o/W	U	I	$\cos\varphi$

表中：$U = U_o / U_N$；$I = I_o / I_N$；

$\cos\varphi = P_o / U_o * I_o$。

（$U_N = 110V$；$I_N = 4.6A$）

（2）短路实验。按图 2-2-5 接线，短路实验一般在高压边进行，即高压端经调压器接电源，低压端直接短路。为避免出现过大的短路电流，在接通电源之前，必须先将调压器调至输出电压为零的位置，然后合上电源开关，稍加一低电压，检查各仪表正常后，监视电流表，缓慢地逐渐增加电压，使短路电流升高至 $1.1I_k$ 左右，然后逐次降低电压，使电流降至 $0.5\ I_k$，在（$1.1I_k \sim 0.5$）I_k 范围内测量电流 I_k，电压 U_k，及功率 P_k，共读取 5 组~6 组数据，包括 I_N 点。

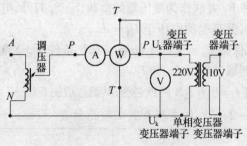

图 2-2-5 单相变压器短路实验

表 2-2-5 单相变压器短路实验表　　　　　　室温：℃

序号	U_k/V	I_k/A	P_k/W	$\cos\varphi_k$

（3）负载实验。实验线路如图 2-2-6 所示。变压器低压线圈接电源，高压线圈经

过开关 S_1 和 S_2，接到负载电阻 R_L 和电抗 X_L 上。R_L 选用 D42 上 900Ω 加上 900Ω 共 1800Ω 阻值，X_L 选用 D43，功率因数表选用 D34 - 3，开关 S_1 和 S_2 选用 D51 挂箱。

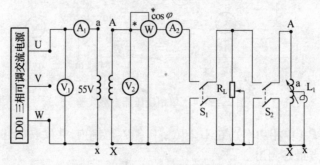

图 2 - 2 - 6　单相变压器负载实验

① 纯电阻负载。

（a）将调压器旋钮调到输出电压为零的位置，S_1、S_2 打开，负载电阻值调到最大。

（b）接通交流电源，逐渐升高电源电压，使变压器输入电压 $U_1 = U_N$。

（c）保持 $U_1 = U_N$，合上 S_1，逐渐增加负载电流，即减小负载电阻 R_L 的值，从空载到额定负载的范围内，测取变压器的输出电压 U_2 和电流 I_2。

（d）测取数据时，$I_2 = 0$ 和 $I_2 = I_{2N} = 0.35$A 必测，共取数据 6 组～7 组，记录于表 2 - 2 - 6 中。

表 2 - 2 - 6　纯电阻负载实验记录表　$\cos\varphi_2 = 1$　$U_1 = U_N = $ V

序　号					
U_2/V					
I_2/A					

② 阻感性负载（$\cos\varphi_2 = 0.8$）

（a）用电抗器 X_L 和 R_L 并联作为变压器的负载，S_1、S_2 打开，电阻及电抗值调至最大。

（b）接通交流电源，升高电源电压至 $U_1 = U_{1N}$

（c）合上 S_1、S_2，在保持 $U_1 = U_N$ 及 $\cos\varphi_2 = 0.8$ 条件下，逐渐增加负载电流，从空载到额定负载的范围内，测取变压器 U_2 和 I_2。

（d）测取数据时，其 $I_2 = 0$，I_2 I_2N 两点必测，共测取数据 6 组～7 组记录于表 2 - 2 - 7 中。

表 2 - 2 - 7　纯电阻负载实验记录表　$\cos\varphi_2 = 0.8$ $U_1 = U_N = $ V

序　号					
U_2/V					
I_2/A					

2）三相变压器极性测定

（1）测定相间极性。被测变压器选用三相心式变压器 DJK10，用其中高压和低压两组绕组，额定容量 $S_N = 152/152$VA，$U_N = 220/55$V，$I_N = 0.4/1.6$A，Y/Y 接法。测得阻值大的为高压绕组，用 A、B、C、X、Y、Z 标记；低压绕组标记用 a、b、c、x、y、z 表示。

30

① 按图 2-2-7 接线。A、X 接电源的 U、V 两端子, Y、Z 短接。

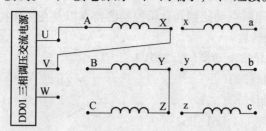

图 2-2-7 三相变压器相间极性测定

② 接通交流电源, 在绕组 A、X 间施加约 50% U_N 的电压。

③ 用电压表测出电压 U_{BY}、U_{CZ}、U_{BC}, 若 $U_{BC} = |U_{BY} - U_{CZ}|$, 则首末端标记正确; 若 $U_{BC} = |U_{BY} + U_{CZ}|$, 则标记不对, 需将 B、C 两相任一相绕组的首末端标记对调。

④ 用同样方法, 将 B、C 两相中的任一相施加电压, 另外两相末端相连, 定出每相首、末端正确的标记。

（2）测定原、副边绕组极性。

① 暂时标出三相低压绕组的标记 a、b、c、x、y、z, 然后按图 2-2-8 接线, 原、副方中点用导线相连。

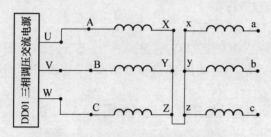

图 2-2-8 原、副边绕组极性测定

② 高压三相绕组施加约 50% 的额定电压, 用电压表测量电压 U_{AX}、U_{BY}、U_{CZ}、U_{ax}、U_{by}、U_{cz}、U_{Aa}、U_{Bb}、U_{Cc}, 若 $U_{Aa} = U_{Ax} - U_{ax}$, 则 A 相高、低压绕组同相, 并且首端 A 与 a 端点为同极性; 若 $U_{Aa} = U_{AX} + U_{ax}$, 则 A 与 a 端点为异极性。

③ 用同样的方法判别出 B、b、C、c 两相原、副方的极性。

4. 思考与练习

（1）根据实验步骤测量变压器的参数并填表。

（2）计算出不同连接组的 U_{Bb}、U_{Cc}、U_{Bc} 数值, 并与实测值进行比较。

（3）写出实验报告。

2.3 电机与控制技术实验

【实验1】 三相异步电动机点动、连续运转控制电路实验

1. 实验目的

（1）通过对三相异步电动机点动控制和自锁控制线路的实际安装接线, 掌握由电气

31

原理图变换成安装接线图的知识。

（2）进一步加深理解点动控制和自锁控制的特点以及在机床控制中的应用。

2. 实验仪器及元器件

WDJ24 三相鼠笼异步电动机(△/220V)	1 台
D61 继电接触控制挂箱(一)	1 件
D62 继电接触控制挂箱(二)	1 件

屏上挂件排列顺序　　　D61、D62

注意:若未购买 D62 挂箱,图中的 Q_1 和 FU 可用控制屏上的接触器和熔断器代替,学生可从 U、V、W 端子开始接线,且以后都可如此接线。

3. 实验步骤和内容

（1）三相异步电动机点动控制线路,如图 2-3-1 所示。

图中 S_{B1}、K_{M1} 选用 D61 上元器件,Q_1、F_{U1}、F_{U2}、F_{U3}、F_{U4} 选用 D62 上元件,电机选用 WDJ24(△/220V)。接线时,先接主电路,它是从 220V 三相交流电源的输出端 U、V、W 开始,经三刀开关 Q_1、熔断器 FU_1、FU_2、FU_3、接触器 KM_1 主触点到电动机 M 的三个线端 A、B、C 的电路,用导线按顺序串联起来,有三路。主电路经检查无误后,再接控制电路,从熔断器、FU_4 插孔 W 开始,经按钮 SB_1 常开、接触器 KM_1 线圈到插孔 V。线接好经指导老师检查无误后,按下列步骤进行实验:

① 按下控制屏上"启动"按钮;

② 先合上 Q_1,接通三相交流 220V 电源;

③ 按下启动按钮 SB_1,对电动机 M 进行点动操作,比较按下 SB_1 和松开 SB_1 时电动机 M 的运转情况。

（2）三相异步电动机连续运转控制线路,如图 2-3-2 所示。

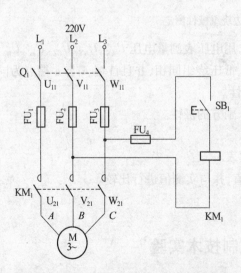

图 2-3-1　三相异步电动机点动控制线路

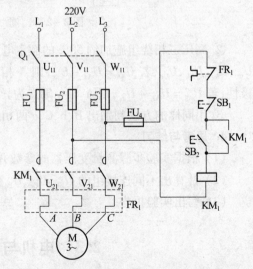

图 2-3-2　三相异步电动机连续运转控制线路

按下控制屏上的"停止"按钮以切断三相交流电源。按图 2-3-2 接线,图中 SB_1、SB_2、KM_1、FR_1 选用 D61 挂件,Q_1、FU_1、FU_2、FU_3、FU_4 选用 D62 挂件,电机选用

WDJ24(△/220V)。检查无误后,启动电源进行实验:

① 合上开关 Q_1,接通三相交流 220V 电源;

② 按下启动按钮 SB_2,松手后观察电动机 M 运转情况;

③ 按下停止按钮 SB_1,松手后观察电动机 M 运转情况。

(3)三相异步电动机既可点动又可连续运转控制线路,如图 2-3-3 所示。

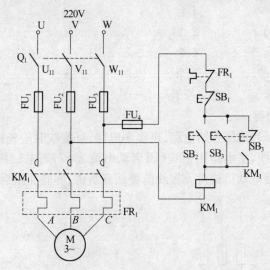

图 2-3-3 三相异步电动机既可点动又可连续运转控制线路

按下控制屏上"停止"按钮切断三相交流电源后,按图 2-3-3 接线,图中 SB_1、SB_2、SB_3、KM_1、FR_1 选用 D61 挂件,Q_1、FU_1、FU_2、FU_3、FU_4 选用 D62 挂件,电动机选用 WDJ24(△/220V)

(4)三相异步电动机既可点动又可自锁控制线路。检查无误后通电实验:

① 合上 Q_1 接通三相交流 220V 电源;

② 按下启动按钮 SB_2,松手后观察电动机 M 是否继续运转;

③ 运转 30s 后按下 SB_3,然后松开,电动机 M 是否停转;连续按下和松开 SB_3,观察此时属于什么控制状态;

④ 按下停止按钮 SB_1,松手后观察电动机 M 是否停转。

4. 思考与练习

(1)试分析什么叫点动,什么叫自锁,并比较图 2-3-2 和图 2-3-2 的结构和功能上有什么区别?

(2)图中各个电器如 Q_1、FU_1、FU_2、FU_3、FU_4、KM_1、FR、SB_1、SB_2、SB_3 各起什么作用? 已经使用了熔断器为何还要使用热继电器? 已经有了开关 Q_1 为何还要使用接触器 KM_1?

(3)图 2-3-2 电路能否对电动机实现过流、短路、欠压和失压保护?

(4)画出图 2-3-2、图 2-3-2、图 2-3-3 的工作原理流程图。

(5)完成实验报告。

【实验2】 三相异步电动机正、反转控制实验

1. 实验目的

(1)了解接触器(KM)、热继电器(FR)、熔断器(FU)、按钮等常用控制电器的作用和接线。

（2）熟悉三相异步电动机正、反转控制的接线，了解电动机的保护方法；培养对异步电动机基本控制设计的能力。

（3）掌握三相异步电动机正反转的原理和方法。

2. 实验仪器和元器件

三相异步电动机	1 台
交流接触器（KM）	2 个
热继电器（FR）	1 个
按钮开关	3 个
粗细导线	若干

3. 实验步骤和内容

按图 2-3-4 接线，先接控制电路，再接主电路，且接线时应先接串联电路，再接并联电路。控制电路用细线，主电路用粗线（因启动电流大）。通电试机应先试控制电路，再试主电路，最后再连接电动机试机。接线前要认真听讲，实验完毕后要拆线。

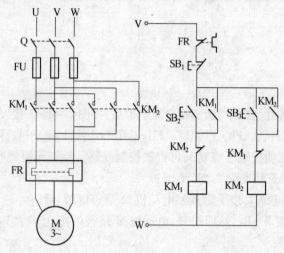

图 2-3-4 三相异步电动机正、反转控制实验

4. 思考与练习

（1）说明动断辅助触点（互锁）在电路中的重要作用。

（2）简述交流接触器、热继电器在电路中的作用。

（3）完成实验报告，简单谈谈实验后的体会和收获。

2.4 模拟电子技术实验

【实验1】 AS2294D 型电子毫伏表的使用及测量应用

1. 实验目的及任务

（1）加强电子专业仪器使用规范化，增强职业道德。

（2）能够正确掌握和使用电子毫伏表。

（3）掌握电子毫伏表实际中应用的范围。

（4）掌握测量方法及测量结果的推算。

（5）完成实验报告。

2．实验基本要求

（1）严格按仪器使用说明书操作。

（2）能正确使用仪器与被测放大电路的连接。

（3）掌握仪器面板各旋钮的使用作用。

（4）能独立完成仪器测量与被测放大电路连接的操作过程。

（5）能够准确无误地读出被测放大电路的测量数据。

3．实验器材

AS2294D 型电子毫伏表	1 台
低频放大器电路	1 块
AS2294D 型低频信号发生器	1 台

4．实验考核标准

（1）实验纪律和学习态度	10 分。
（2）仪器使用操作规范及测量结果	50 分。
（3）安全文明操作	10 分。
（4）团队协助合作精神	10 分。
（5）实验报告	20 分。

5．实验原理及步骤

（1）AS2994D 型电子毫伏表使用方法。图 2 - 4 - 1 为 AS2994D 型电子毫伏表面板

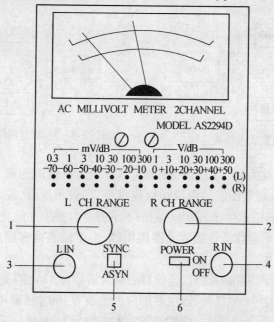

图 2 - 4 - 1　AS2294D 型毫伏表前面板图

1—左通道输入量程旋钮（灰色）；2—右通道输入量程旋钮（橘红色）；

3—左通道输入插座；4—右通道输入插座；5—同步/异步选择开关；6—电源开关。

图,实验步骤:

① 仪表以水平放置为宜。

② 接通电源前先看表针机械零点是否为"零",否则需分别进行机械调零。

③ 测量30V以上的电压时,需注意安全。

④ 所测交流电压中的直流分量不得大于100V。

⑤ 接通电源及转换输入量程时,由于电容的放电过程,指针有所晃动,因此需待指针稳定后方可读数。

⑥ 当量程开关置于毫伏挡时,应避免用手触及输入非电端。接线时先接地端,后接非地端;拆线时序时先拆非地端,后拆接地端。

（2）AS2994D型电子毫伏表测量应用。AS2994D型电子毫伏表是由两个相互独立的电压表组成的,因此在异步工作时,可作为两台单独的电压表使用。当测量的两个电压量相差比较大时,采用异步工作状态。如测量放大器增益,其测量方法如图2-4-2所示。

被测放大器的输入信号及输出信号分别加至两个通道的输入端,从两个量程开关及表针所处的位置,就可直接读出（或算出）被测放大器的增益（或放大倍数）。例如,RCH（右通道）指示为10mV（-40dBV）,LCH（左通道）指示为0.5V（-6dBV）,则放大器的放大倍数为0.5/10mV=50倍。由读取的分贝值可知放大器的增益为-6dB-（-40dB）=34dB。

当AS2294D型毫伏表同步工作时,可由一个通道的量程控制旋钮同时控制两个通道的量程,这特别适用于立体声放大电路或者两路放大特性相同的放大器。由于两组电压表具有相同的性能及相同的测量量程,且其测量灵敏度高,因而可用于测量立体声录放磁头的灵敏度、录放前置均衡电路及功率放大电路,还可直接读出两被测声道的不平衡度等,如图2-4-3所示。

图2-4-2 测量放大器增益　　　　　图2-4-3 测量两路放大器的平衡度

图中,R（右声道）放大器、L（左声道）放大器分别为立体声的两个放大电路,如果它们的性能相同（平衡）,则电压表的两根指针应重叠,如果不重叠,说明它们不平衡,此时便可以从表头两指针的指示情况,读出它们的不平衡度为多少分贝。

当AS2994D型电子毫伏表作为放大器使用时,由于该表具有输出功能,因此可作为两个独立的放大器使用。

① 当量程开关处于300μV挡时,该仪器的放大倍数为316倍（即50dB）;

② 当量程开关处于1mV挡时,该仪器的放大倍数为100倍（即40dB）;

③ 当量程开关处于3mV挡时,该仪器的放大倍数为31.6倍（即30dB）;

④ 当量程开关处于10mV挡时,该仪器的放大倍数为10倍（即20dB）;

⑤ 当量程开关处于30mV挡时,该仪器的放大倍数为3.16倍（即10dB）。

6. 实验报告

（1）整理实验测量数据。

（2）推算出放大器的增益和两路放大器的平衡度。

（3）根据实验过程写好实验报告和总结。

【实验2】 AS1033型低频信号发生器的使用及测量应用

1. 实验目的及任务

（1）加强电子专业仪器使用规范化，增强职业道德。

（2）能够正确使用 AS1033 型低频信号发生器。

（3）掌握 AS1033 型低频信号发生器的应用范围。

（4）掌握 AS1033 型低频信号发生器的测量频率特性曲线方法。

（5）完成实验报告。

2. 实验基本要求

（1）严格按仪器使用说明书操作。

（2）能够正确使用仪器与被测电路的连接。

（3）掌握仪器面板上各旋钮的作用。

（4）能够独立完成仪器测量被测放大电路的操作过程。

（5）能准确无误地测出被测放大电路的性能。

3. 实验器材

电子电压表	1 台
低频放大器电路	1 块
低频信号发生器	1 台

4. 实验考核标准

（1）实验纪律和学习态度	10 分。
（2）仪器使用操作规范及测量结果	50 分。
（3）安全文明操作	10 分。
（4）团队协助合作精神	10 分。
（5）实验报告	20 分。

5. 实验内容和步骤

（1）AS1033 型仪器面板使用方法如图 2 - 4 - 4 所示。图中：1—电源开关，2—频段按钮，3—频率旋钮，4—频率快慢调节，5—占空比，6—输出幅度调节，7—电平输出，8—输出端，9—电平电压切换，10—输出幅度显示，11—输出粗调，12—输出波形选择，13—输出频率显示器。

（2）AS1033 型低频信号发生器的使用方法。

① 开机预热 AS1033 型低频信号发生器 15min 后，让仪器进入稳定状态。

② 频率调节，轻触"频段"旋钮调节置于所需频段。

③ 输出电压调节，调节所需输出正弦波幅度。

④ 将低频信号发生器产生的正弦波信号给放大器提供测试信号，如图 2 - 4 - 5 所示，其为低频放大器频率特性测试原理图。

⑤ 逐步调节低频信号发生器的输出步骤，用电子电压表测出相应的输出电压。

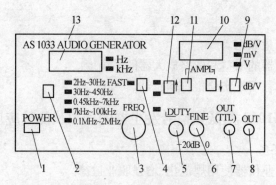

图 2 – 4 – 4 AS1033 型低频信号发生器面板图

图 2 – 4 – 5 低频放大器频率特性测试原理图

⑥ 在 V_o – F 直角坐标上,用逐点描绘法画出各段频率的对应输出电压,再将各点连接起来,即可获得该放大器的频率特性曲线。

(3) AS1033 型低频信号发生器的应用。低频信号发生器产生的正弦波信号为各类低频放大器提供测试信号,如图 2 – 4 – 5 所示。逐步调节信号发生器的输出频率,用电子电压表测出相应的输出电压,在 U_o – f 直角坐标上,用逐点描绘法画出各个频率对应的输出电压,再将各点连接起来,即可获得该放大器的频率特性曲线。

6. 实验报告

(1) 要求掌握仪器测量放大电路性能分析结果。

(2) 根据实验过程写好实验报告。

(3) 整理实验数据。

【实验 3】 ST – 16 示波器使用方法及测量应用

1. 实验目的及任务

(1) 加强电子专业仪器使用规范化增强职业道德。

(2) 能够正确使用 ST – 16 示波器。

(3) 了解 ST – 16 示波器测量应用范围。

(4) 掌握 ST – 16 示波器,测量电压周期等系列参数的方法。

(5) 完成实验报告。

2. 实验基本要求

(1) 严格按仪器使用要求操作。

(2) 能正确掌握仪器与电子线路的连接。

(3) 掌握仪器面板各旋钮的作用。

(4) 能独立完成仪器测量各种实验波形。

(5) 能准确无误读出测量结果和数据。

3. 实验器材

ST – 16 示波器   1 台

AS1033 低频信号发生器　　　　　　1台

AS2294D 型电子毫伏表　　　　　　1台

4．实验考核标准

（1）实验纪律和学习态度　　　　　　　　　　　　　10分。

（2）仪器使用操作规范及测量结果　　　　　　　　50分。

（3）安全及文明操作　　　　　　　　　　　　　　10分。

（4）团队协助合作精神　　　　　　　　　　　　　10分。

（5）实验报告　　　　　　　　　　　　　　　　　20分。

5．实验内容与步骤

（1）ST－16 示波器的使用方法。

ST－16 示波器的面板示意图如图2－4－6所示。

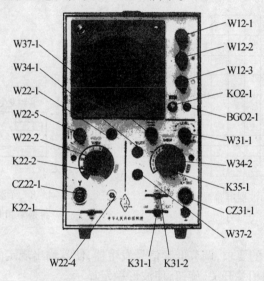

W37-1
W34-1
W22-1
W22-5
W22-2
K22-2
CZ22-1
K22-1

W12-1
W12-2
W12-3
KO2-1
BGO2-1
W31-1
W34-2
K35-1
CZ31-1
W37-2

W22-4　　K31-1　K31-2

图2－4－6　ST－16 示波器的面板示意图

　　仪器初次使用前或久放复用时,对仪器进行一次能否工作的简单检查,其方法步骤如下:将ST－16 示波器面板上个旋钮置于表2－4－1所示。

表2－4－1　示波器面版旋钮的操作

控 制 机 件	作 用 位 置	控 制 机 件	作 用 位 置
＊	逆时针旋足	电平	自动
◉	居中	t/div	2ms
○	居中	微调	校准
↕	居中	＋ － ×	＋
⇆	居中	内电视场外	内
V/div	⊓⎴		
微调	校准		
⊥	⊥		

39

① 接通电源,指示灯应有红光显示,稍等片刻,应能进入正常工作。

② 顺时针调节辉度电位器,此时屏幕应显示出不同步的校准信号方波。

③ 将触发电平调离"自激"位置,并向反时针方向转动,直至方波波形得到同步,然后将方波波形移至屏幕中间,如若仪器性能基本正常,则此时屏幕显示的方波垂直幅度约为5DIV,方波周期在水平轴上的宽度为10DIV(电网频率50Hz)或8.3DIV(电网频率60Hz),如图2-4-7所示。

④ 当仪器符合上述要求,并等待数分钟后,应调节面板上的"平衡"电位器,使改变灵敏度V/DIV挡级开关时,显示的方波波形不发生Y轴方向上的位移。

(2) ST-16示波器测量应用。

使用示波器对低频信号发生器输出的正弦波形进行电压和周期测量。

① 按图2-4-8连接仪器。

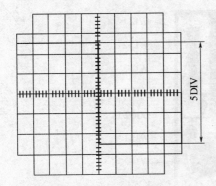

图2-4-7 示波器屏幕显示

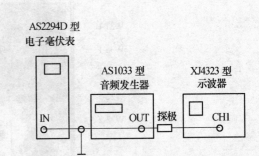

图2-4-8 示波器测量信号发生器频率和周期的连接

② 按表2-4-2的要求,调节低频信号发生器,使其输出规定的频率和电压值。

③ 调节示波器的相关开关、旋钮,使波形稳定显示。

④ 将测量过程中的偏转因数和时基因数的数值填入实表2-4-2中。

⑤ 将示波器测量正弦波形得到的电压有效值与毫伏表的读数进行对比。

表2-4-2 AS1033型信号发生器测试记录

AS1033 发生器		20Hz	100Hz	1kHz	10kHz	1MHz	2MHz
项目		1 V	2 V	500mV	700mV	800mV	1 V
测量电压	V/DIV 值						
	峰—峰值高度						
	电压峰—峰值						
	电压有效值						
测量周期	t/DIV 值						
	一周格数						
	周期						

40

6. 实验报告

（1）列表整理实验数据。

（2）写出 ST – 16 示波器校准方波的方法。

【实验4】 单管共发射极放大电路的实验应用

1. 实验目的及应用

（1）加深单管共发射极放大电路的工作原理认识。

（2）观察并掌握三极管的三种工作状态，了解静态工作点 Q 对信号失真的影响。

（3）掌握电压、电流的测量方法。

（4）通过测量三极管的三个电极电位，判断三极管的工作状态。

（5）完成实验报告。

2. 实验基本要求

（1）掌握万用表判别三极管好坏的方法。

（2）能够按焊接工艺搭建放大电路，安全用电。

（3）能够独立完成放大电路搭建，且放大电路工作正常。

（4）掌握万用表测量直流工作点、电压、电流的方法。

（5）掌握仪器仪表，观察放大电路失真信号时，调试工作点的方法。

（6）通过测量结果分析电路性能，并要求排除电路中出现的故障。

3. 实验器材及材料

实验台	1 个
低频信号发生器	1 台
稳压电源	1 台
示波器	1 台
万用表	1 块
三极管	1 个
可调电阻器 100kΩ	1 个
电解电容 10μF16V、100μF16V、10μF16V	各 1 个
电阻 10kΩ、22kΩ、5.1kΩ、470Ω	各 1 个

4. 实验考核标准

（1）实验纪律和学习态度	10 分。
（2）放大电路的搭建和调试技能	50 分。
（3）安全文明生产	10 分。
（4）团队合作表现	10 分。
（5）实验报告	20 分。

5. 实验内容及步骤

如图 2 – 4 – 9 所示，输入交流信号 1kHz，信号幅度可调。

（1）首先用万用表测量三极管，判别好坏，测量放大倍数。

（2）按图 2 – 4 – 9 所示搭建实用电路，且通电前认真检查电路是否正确。

（3）接通电源电压，调节电位器 R_p，使三极管 U_{ce} 为 V_{CC} 的 1/2，即调节电路静态工作

电点 Q 在三极管输出特性曲线中央,以期得到最大不失真信号输出。测量电阻 R_c 上的电压 UR_c,利用欧姆定理求出 I_c。

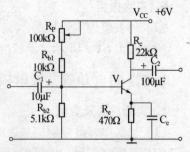

图 2 - 4 - 9　单管共发射极放大电路

(4)调节低频信号发生器,使电路输入端输出频率为 1kZ,幅度为 0.1V 的交流信号,用示波器 A 通道观察信号输入波形,用示波器 B 通道观察输出信号波形;调节输入信号幅度,使输出信号不失真,读出此时输入、输出信号的幅度与频率。

(5)调节电位器 R_P,使输出波形进入饱和失真状态,观察输出信号失真,记录输入输出波形。然后撤除电路输入信号,测量 U_{ce}、I_b、I_c,并记录。

(6)重新接入信号,再调节电位器 R_P,使输出波形进入截止失真状态,观察输出信号失真。然后撤除电路输入信号,测量 U_{ce}、I_b、I_c,并记录。

6. 实验结果报告

(1)总结出通过示波器的读数估算放大器放大倍数的方法。

(2)分析放大器静态工作点对信号失真的影响。

【实验5】　集成运算放大器的线性应用

1. 实验目的及任务

(1)加深对集成运算放大电路的识别和认识。

(2)借助产品资料读懂模拟集成电路的型号,明确引脚排列及集成电路的功能。

(3)掌握模拟集成运算放大器的应用范围。

(4)掌握集成运算放大器的简易测试及静态调试方法。

(5)掌握集成运算放大器的基本运算电路及其测试方法。

(6)熟悉集成运算放大器的使用注意事项。

2. 实验基本要求

(1)严格按集成运算放大器的电路产品要求操作,安全用电。

(2)能够装接搭建集成运算放大器的应用电路。

(3)学会调试集成运算放大器的电路静态工作点。

(4)能够分析和对比理论值与测量值产生差别的原因。

(5)独立排除整个实验过程中出现的一般故障。

3. 实验器材和材料

双路直流稳压电源　　　　1台

ST - 16 型示波器　　　　1台

MF - 47 型万用表　　　　1台

实验台(或实验演示板)　1台

导线　　　　　　　　　　若干

元器件　$R_1 = 10\text{k}\Omega$　$R_2 = 20\text{k}\Omega$　$R_3 = 10\text{k}\Omega$　$R_4 = 20\text{k}\Omega$　$R_5 = 100\text{k}\Omega$　$R_6 = 1\text{k}\Omega$
$R_7 = 200\text{k}\Omega$　$R_F = 100\text{k}\Omega$　$R_P = 10\text{k}\Omega$

VD_1, VD_2, VD_3 :2CZ544 ×3　VD_4 :2AP11　集成运算放大器

CF741S:按钮开关

4. 考核标准

（1）实验纪律和学习态度	10分。
（2）集成电路的调试技能	50分。
（3）安全文明操作	10分。
（4）团队合作精神	10分。
（5）实验报告	20分。

5. 实验内容及步骤

（1）检查产品手册，了解集成运算放大器 CF731 的引脚，有关参数和补偿电路的要求。

（2）用万用表对集成运算放大器进行粗略检测，将表置于 R×100 或 R×1k 挡，测量反相输入端与同相输入端之间的正、反向电阻，正、负电源端对地电阻，各输入端对输出端间的电组。一般不应出现短路现象，否则集成运算放大器损坏。

（3）搭建如图 2-4-10 所示电路，注意通电前应仔细检查连接是否正确。

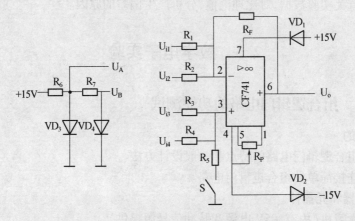

图 2-4-10　集成运算放大器的线性应用

（4）集成运算放大器静态调试。

① 在所有输入信号均为零时，用示波器观察输入端有无自激振荡现象。如果有，则根据要求接入补偿电路，或在电源端与地之间并上消振电容，以达到消除自激的目的。

② 在所有输入信号均为零时，调节调零电阻 R_P，使输出电压 $U_o = 0$。

③ 将电路连接成一个反相输入的比例运算器，分别用 U_A、U_B 作为输入信号 U_{i1}，测量运算放大器的输出电压 U_o，并记录在表 2-4-3 中。

④ 将电路连接成一个同相输入的比例运算器，$U_{i2} = 0$。分别用 U_A、U_B 作为输入信号 U_{i4}，测量运算放大器的输出电压 U_o，并记录在表 2-4-4 中。

表 2-4-3　反相输入的比例
运算器测试记录

输入信号	实测输出电压 U_o	理论值 U_o
$U_{i1} = U_A =$		
$U_{i1} = U_B =$		

表 2-4-4　同相输入的比例
运算器测试记录

输入信号	实测输出电压 U_o	理论值 U_o
$U_{i4} = U_A =$		
$U_{i4} = U_B =$		

⑤ 将电路连接成一个反相输入的加法运算器。分别用 U_A、U_B 作为输入信号 U_{i1}、U_{i2}，测量运算放大器的输出电压 U_o，并记录在表 2-4-5 中。

⑥ 将电路连接成一个减法运算器。分别用 U_A、U_B 作为输入信号 U_{i1}、U_{i2}，测量运算放大器的输出电压 U_o，并记录在表 2-4-6 中。

表 2-4-5 反相输入的加法运算器测试记录

输 入 信 号	实测输出电压 U_o	理论值 U_o
$U_{i1} = U_A =$		
$U_{i1} = U_B =$		

表 2-4-6 减法运算器测试记录

输 入 信 号	实测输出电压 U_o	理论值 U_o
$U_{i1} = U_A =$		
$U_{i3} = U_B =$		

6. 实验报告要求

(1) 说明在使用前对集成运算放大器进行静态测试的步骤、方法。

(2) 整理有关实验数据，对比理论值，分析产生偏差的原因。

2.5 数字电子实验

【实验1】 组合逻辑门电路的功能测试

1. 实验目的

(1) 熟悉组合逻辑门电路的特点和一般设计方法。

(2) 学会连接简单的组合逻辑门电路。

2. 实验仪器和元器件

数字电路学习机(内有 +5V 电源和脉冲信号源提供)

集成门电路：

74LS32(四二输入或门集成电路)   1 片

74LS02(四二输入或非门集电路成)   1 片

74LS04(六非门集成电路)   1 片

3. 实验步骤和内容

(1) 2 位二进制编码器测试。

① 按实验图 2-5-1 连接电路。输入接逻辑电平开关,输出接发光二极管显示。

② 按实验表 2-5-1 测试。

③ 从测试结果可以得出输出 2 位编码的表达式为(假设任何时刻有且只有一个信号输入)

(2) 2 位二进制译码器测试。

① 按图 2-5-2 连接电路。

② 按实验表 2-5-2 测试。

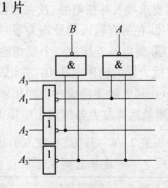

图 2-5-1 2 位二进制编码器测试

44

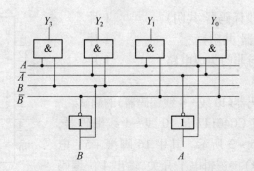

图 2 - 5 - 2　2 位二进制译码器测试

$B = $ _____　　　　　　　　　$A = $ _____

表 2 - 5 - 1　编码器功能表

输　入				输　出	
Y_3	Y_2	Y_1	Y_0	B	A
0	0	0	1		
0	0	1	0		
0	1	0	0		
1	0	0	0		

表 2 - 5 - 2　译码器功能表

输　入		输　出			
B	A	Y_3	Y_2	Y_1	Y_0
0	0				
0	1				
1	0				
1	1				

③ 从测试结果可以得出译码器输出的表达式为

$Y_0 = $ _____　　　　$Y_1 = $ _____

$Y_2 = $ _____　　　　$Y_3 = $ _____

4．实验考核标准

(1) 实验纪律与学习态度　　　　　10 分。

(2) 电路各部分的安装与调试技能　50 分。

(3) 电路整体实验完成状况　　　　10 分。

(4) 团队合作表现　　　　　　　　10 分。

(5) 实验报告　　　　　　　　　　20 分。

5．思考与练习

(1) 记录实验结果,并写出实验报告。

(2) 设计一个简单的组合逻辑门电路,画出电路图,并写出逻辑表达式。

【实验 2】　编码器、译码器及数码显示电路、集成触发器的功能测试

1．实验目的

(1) 学会使用中规模集成编码器和译码器及数码显示电路。

(2) 熟悉常用触发器的逻辑功能。

(3) 学会用基本门电路组成基本 RS 触发器和同步 RS 触发器,并验证其逻辑功能。

2．实验仪器和元器件

数字电路学习机

74LS147(10 线—4 线编码器)　　　　　1 片

MM54 HC4511(七段译码器 共阴)　　　　1 片

74LS247(七段译码器 共阳)　　　　1 片

74LS00(四二输入与非门集成电路)　　　1 片

图 2 – 5 – 3　中规模集成编码器
(10 线—4 线编码器)的测试

3. 实验步骤和内容

(1) 中规模集成编码器(10 线—4 线编码器)的测试。

① 集成 74LS147 或 CC40147 是 10 线—4 线编码器,其符号图如实验图 2 – 5 – 3 所示。其中 16 脚接 +5V 电源,8 脚接地,输入(0~9)接逻辑电平开关,输出 4 位编码接发光二极管显示。

② 按实验表 2 – 5 – 3 测试。

表 2 – 5 – 3　74LS147 逻辑功能表

输　入										输　出			
$Y_9(9)$	$Y_8(8)$	$Y_7(7)$	$Y_6(6)$	$Y_5(5)$	$Y_4(4)$	$Y_3(3)$	$Y_2(2)$	$Y_1(1)$	$Y_0(0)$	D	C	B	A
0	0	0	0	0	0	0	0	0	1				
0	0	0	0	0	0	0	0	1	0				
0	0	0	0	0	0	0	1	0	0				
0	0	0	0	0	0	1	0	0	0				
0	0	0	0	0	1	0	0	0	0				
0	0	0	0	1	0	0	0	0	0				
0	0	0	1	0	0	0	0	0	0				
0	0	1	0	0	0	0	0	0	0				
0	1	0	0	0	0	0	0	0	0				
1	0	0	0	0	0	0	0	0	0				

③ 74LS147 或 CC40147 还是一个优先编码器,也就是说,任一时刻可以输入不止一个信号,但只给优先级别最高的值编码。其优先级别顺序为:9→8→7→6→5→4→3→2→1→0 请尝试一下,输入信号不止一个时的编码情况是否按优先级别编码。

(2) 中规模集成七段译码器的测试。

① 集成 MM54 HC4511 为共阴极七段译码器,而 74LS247 为共阳极七段译码器。其国标符号如图 2 – 5 – 4 所示。

② 使用说明。

(a) 对于图 2 – 5 – 4(a),3 脚为灯测试信号端(低电平有效)。当 3 脚为低电平时,各段(a~g)输出为"1"(点亮),若某些段不亮,则说明数码管或译码集成或线路的连接有问题。如果是正常点亮,则使用时应把 3 脚接高电平(置灯测试端无效)。4 脚为输出控制门(高电平有效),当 4 脚为高电平时,允许译码输出;当为低电平时,不允许译码输出(输出全为"0")。5 脚为输入控制门(低电平有效),当此端为低电平时,允许输入译码;当为高电平时,不允许输入译码,也就是说,不管此时输入码如何,输出状态被锁定。6、2、1、7 脚为 8421 BCD 码输入端,其中 6 脚为最高位(MSB),7 脚为最低位(LSB),9 脚~15

46

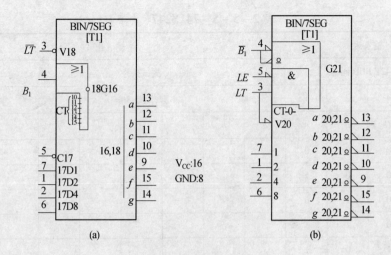

图 2-5-4 七段译码器国标符号

(a) MM54 HC4511(共阴)符号；(b) 74LS247(共阳)符号。

脚为七段输出,其对应关系在符号图中已明确标示。

(b) 对于图 2-5-4(b),其各引脚排列与图 2-5-4(a)基本一样,只不过输出为低电平驱动,也就是说,要某一段亮,那段的输出要为低电平。注意,其表示反相的符号为"◁",相当于反相圈"○",不过它还指示信息传递的方向(三角箭嘴方向)。输入端也有此符号,其意思相同。

(c) 弄清楚实验所使用的数码管是共阴的还是共阳的,然后选择对应的七段译码集成做实验测试。或者使输出直接用学习机的发光二极管作显示,看其输出七段的组合情况。

(d) 按实验表 2-5-4 或实验表 2-5-5 测试。

表 2-5-4　MM54HC4511(共阴)

输　入				输　出							
8421 BCD 码				测试条件							相应量示字型
8	4	2	1	3 脚 =1,4 脚 =1,5 脚 =0							
D	C	B	A	a	b	c	d	e	f	g	
0	0	0	0								
0	0	0	1								
0	0	1	0								
0	0	1	1								
0	1	0	0								
0	1	0	1								
0	1	1	0								
0	1	1	1								
1	0	0	0								
1	0	0	1								

表 2 - 5 - 5　74LS247(共阳)

输　入				输　出							
8421 BCD 码				测试条件							相应量
8	4	2	1	4 脚,5 脚,3 脚 1							示字型
D	C	B	A	a	b	c	d	e	f	g	
0	0	0	0								
0	0	0	1								
0	0	1	0								
0	0	1	1								
0	1	0	1								
0	1	0	0								
0	1	1	0								
0	1	1	1								
1	0	0	0								
1	0	0	1								

（3）基本 RS 触发器的测试。

① 按图 2 - 5 - 5 连接电路。输入 $\bar{S}$、$\bar{R}$ 接逻辑电平开关,输出 Q、$\bar{Q}$ 接发光二极管显示。

② 按实验表 2 - 5 - 6 输入测试。

③ 测试结果与理论分析的结果比较,看是否相符。

表 2 - 5 - 6　RS 触发器测试

输　入		输　出		
$\bar{S}_n$	$\bar{R}_n$	Q^{n+1}	$\overline{Q^{n+1}}$	触发器状态
0	0			
0	1			
1	0			
1	1			

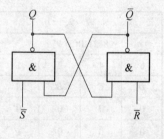

图 2 - 5 - 5　RS 触发器

4. 实验考核标准

（1）实验纪律与学习态度　　　　10 分。

（2）电路各部分的安装与调试技能　50 分。

（3）电路整体实验完成状况　　　10 分。

（4）团队合作表现　　　　　　　10 分。

（5）实验报告　　　　　　　　　20 分。

5. 思考与练习

（1）举例说明编码器、译码器的应用。

（2）实际使用中，怎样选择共阴极或是共阳极译码器？

（3）记录实验结果，并写出实验报告。

【实验3】 计数器及其应用

1. 实验目的

（1）学会使用集成计数器构成多种进制的计数器。

（2）熟悉常用的集成计数器管脚功能。

（3）学会用 74LS290 集成电路组成十进制计数器，并验证其逻辑功能。

2. 实验仪器和元器件

数字电路学习机

74LS290（集成计数器）	1 片
电平表（可利用数字万用表代替）	1 个

3. 实验步骤和内容

（1）74LS290 电路可以构成多种进制的计数器，例如，可以直接实现 1 位二进制计数和五进制计数。若将二进制计数器和五进制计数器串联起来，可构成十进制计数器；利用"置0"和"置9"输入端加上反馈信号，还可以实现十进制以内的任意进制计数。

（2）按图 2－5－6 连接电路，构成 8421BCD 十进制的计数器。

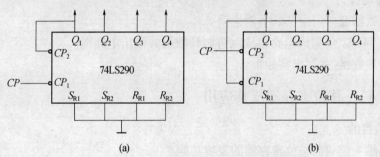

图 2－5－6 74LS290 构成十进制的计数器

(a) 8421BCD 计数器；(b) 521BCD 计数器。

（3）在 CP 端分别加入计数脉冲 0 个 ~9 个，测量 74LS290 电路输出端 Q_1、Q_2、Q_3、Q_4 的电平是否与实验表 2－5－7 对应的 Q_0、Q_1、Q_2、Q_3 输出电平相一致（8421BCD 计数器）。

表 2－5－7 十进制计数器功能表

CP 脉冲 序 号	二 进 制 数 码				对应的十进制数
	Q_3	Q_3	Q_3	Q_3	
0	0	0	0	0	0
1	0	0	0	1	1
2	0	0	1	0	2
3	0	0	1	1	3
4	0	1	0	0	4
5	0	1	0	1	5

CP 脉冲 序 号	二进制数码				对应的十进制数
	Q_3	Q_3	Q_3	Q_3	
6	0	1	1	0	6
7	0	1	1	1	7
8	1	0	0	0	8
9	1	0	0	1	9
	1	0	1	0	
	1	0	1	1	
	1	1	0	0	不用
	1	1	0	0	
	1	1	0	1	
	1	1	1	1	
10	0	0	0	0	0

4. 实验考核标准

（1）实验纪律与学习态度   10 分。

（2）电路各部分的安装与调试技能 50 分。

（3）电路整体实验完成状况   10 分。

（4）团队合作表现   10 分。

（5）实验报告   20 分。

5. 思考与练习

（1）计数器有何用途？试举例说明。

（2）用 74LS290 集成电路组成六进制计数器并画出电路图。

（3）整理数据，并写出实验报告。

【实验4】 移位寄存器及其应用

1. 实验目的

（1）熟悉 4 位双向移位寄存器的逻辑功能。

（2）熟悉串行输入、并行输出的逻辑控制过程。

（3）熟悉用移位寄存器组成环形计数器的方法。

2. 实验仪器和元器件

数字实验仪、示波器各   1 台

数字万用表   1 只

CC40194（4 位双向通用移位寄存器）   1 片

CC4011 与非门   3 片

3. 实验原理

CC40194 是集成 4 位双向通用移位寄存器，其逻辑功能测试电路如图 2 − 5 − 7 所示。

移位寄存器不仅可以组成串行、并行数码转换器，还可以很方便地组成移位寄存器型计数器、脉冲分配器等电路。常用的移位寄存器型计数器有环形计数器和扭环形计数器。环形计数器的功能是在输入计数脉冲 CP 的作用下，输出端的状态变化可以循环一个

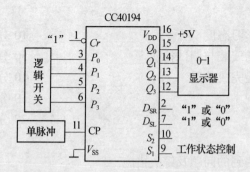

图 2 – 5 – 7　CC40194 双向通用移位寄存器

"1",也可以循环二个"0"。扭环形计数器与环形计数器相比,电路结构上的差别仅在于扭环形计数器最低位的输入信号取自最高位的 $\overline{Q}$ 端,而不是 Q 端。扭环形计数器的功能是计数器每次状态变化时,仅有一个触发器翻转。环形计数器和扭环形计数器的状态转换图如图 2 – 5 – 8 所示。

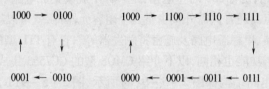

图 2 – 5 – 8　环形计数器和扭环形计数器的状态转换图

4. 实验内容和步骤

(1) CC40194 逻辑功能测试。根据实图 2 – 5 – 7 所示接好电路,然后进行以下各项功能测试:

① 数据的并行输入、并行输出。先将寄存器清零,再将 $\overline{C_r}$, S_1, S_2 都置 1,用逻辑开关任意输入一个 4 位二进制数,如 $P_3 P_2 P_1 P_0 = 0101$,用单脉冲按钮发 1 个时钟脉冲,观察发光二极管显示的 Q_3, Q_2, Q_1, Q_0 的状态,记录显示结果。

② 数据的串行输入、串行输出(即数据的右移和左移)。清零,置 $S_2 S_1 = 10$,并行输入一个数,如 $P_3 P_2 P_1 P_0 = 0101$,使 $D_{SL} = 1$(或 0),连续发 4 个时钟脉冲,观察发光二极管显示的变化,将显示变化情况记录下来。再清零,置 $S_2 S_1 = 01$,并行输入一个数,如 $P_3 P_2 P_1 P_0 = 1101$,使 $D_{SR} = 1$(或 0),连续发 4 个时钟脉冲,观察发光二极管显示的变化,将显示变化情况记录下来。

③ 数据的串行输入、并行输出。右移输入两个最低位在前、最高位在后的 4 位二进制数码,如 $P_3 P_2 P_1 P_0 = 0101$ 和 1001,记录实验结果,写出数码的变化过程。再左移输入两个最高位在前、最低位在后的 4 位二进制数码,如 $P_3 P_2 P_1 P_0 = 1101$ 和 0011,记录实验结果,写出数码的变化过程。

④ 数据的保持清零,置 $S_2 S_1 = 00$,任意输入一个 4 位二进制数,然后连续发 4 个时钟脉冲,观察并记录显示结果。

(2) 用 CC40194 构成环形计数器,并测试电路功能。

(3) 用 CC40194 构成扭环形计数器,并测试电路功能。

5. 实验考核标准

（1）实验纪律与学习态度		10分。
（2）电路各部分的安装与调试技能		50分。
（3）电路整体实验完成状况		10分。
（4）团队合作表现		10分。
（5）实验报告		20分。

6. 思考与练习

（1）简述实验中遇到的问题及解决措施。

（2）用两片集成双向4位移位寄存器CC40194设计一个可实现右移8位数据的串行输入、并行输出的电路,画出电路图。

（3）整理实验数据,总结本次实验的收获与体会。

【实验5】 555定时器及其应用

555集成定时电路,也称555时基电路,是一种中规模集成电路。它具有功能强,使用灵活,适用范围宽的特点。通常只需外接少量几个阻容元器件,就可以组成各种不同用途的脉冲电路,如多谐振荡器、单稳态电路及施密特触发器等。它有TTL型的,也有CMOS型的,两者电路结构基本一致,功能也相同,以下介绍CMOS型的CC7555集成定时电路。

CC7555的内部电路结构如图2-5-9(a)所示,图2-5-9(b)为外引线排列图。由图2-5-9(a)可以看出,电路可分成电阻分压器、电压比较器、基本RS触发器和输出缓冲级等部分。

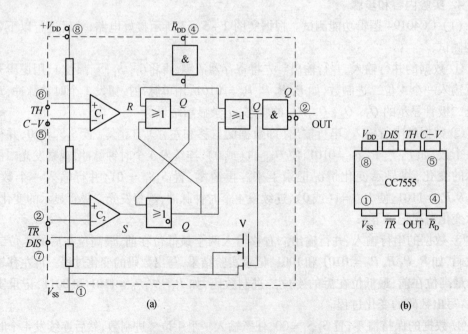

图 2-5-9　CC7555 集成定时器

（a）内部电路结构；（b）外引线排列图。

52

1. 实验目的

（1）掌握 555 定时器的基本功能。

（2）熟悉 555 定时器的典型应用。

2. 实验仪器和元器件

数字实验仪、示波器各	1 台
数字万用表	1 只
CC7555 定时器	1 片
100 kΩ，33 kΩ 电阻各	1 只
100 kΩ 电位器	1 只
0.01μF、0.02 μF 电容各	1 只

3. 实验原理

555 定时器具有定时精度高，工作速度快，可靠性好，电源电压范围宽(3V～18 V)，输出电流大(可高达 200 mA)等优点，可组成各种波形的脉冲振荡电路、定时延时电路、检测电路、电源变换电路、频率变换电路等，广泛应用于自动控制、测量、通信等各个领域。由 555 定时器构成的单稳态触发器和多谐振荡器分别如图 2 – 5 – 10 和图 2 – 5 – 11 所示。

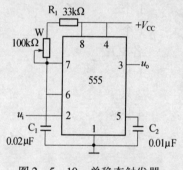
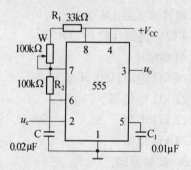

图 2 – 5 – 10　单稳态触发器　　　　　　图 2 – 5 – 11　多谐振荡器

4. 实验内容和步骤

（1）用 555 定时器构成单稳态触发器。根据图 2 – 5 – 10 所示电路图接好电路，取 $V_{CC} = 10V$，$u_i = 5V$(负脉冲触发信号)，将电位器调至适当的位置，观察 u_o 和 u_i、u_c 的波形并测量它们的电压值，测量输出脉冲的宽度并与理论值比较。

（2）用 555 定时器构成多谐振荡器。

① 根据图 2 – 5 – 11 所示电路图接好电路，取 $V_{CC} = 10V$，将电位器调至适当的位置，用示波器观察 u_o 和 u_c 的波形，测量输出脉冲的振荡周期 T 及占空比，并与理论值比较。

② 将电位器调至阻值最大的位置，然后逐步减小阻值，观察输出波形变化情况。

③ 在 555 定时器的低电平触发端 2 接入一个 0V～5 V 的直流电压，用示波器测量输出电压 u_o 的频率变化范围。

5. 实验考核标准

（1）实验纪律与学习态度	10 分。
（2）电路各部分的安装与调试技能	50 分。
（3）电路整体实验完成状况	10 分。

（4）团队合作表现　　　　　　　　　　　　　　10 分。

（5）实验报告　　　　　　　　　　　　　　　　20 分。

6. 思考与练习

（1）整理实验数据，画出各实验步骤中所观察到的波形。

（2）分析讨论实验中遇到的问题和解决的措施。

（3）比较多谐振荡器、单稳态触发器、双稳态触发器、施密特触发器的工作特点，说明每种电路的主要用途。

【实验6】　A/D 和 D/A 转换电路

1. 实验目的

（1）通过自己连线、调节和测试 D/A 转换器，了解 DAC 的构成、原理和功能。

（2）通过 ADC 实验，了解 ADC 的应用。

2. 实验仪器和元器件

数字实验仪、示波器各	1 台
数字万用表	1 只
运算放大器 LM356	1 个
4 位二进制计数器 CC4520	1 个
ADC0801	各 1 片
10 kΩ 电阻、150 pF 电容各	1 只
22 kΩ 电位器	2 只
12 kΩ 电阻	4 只
24 kΩ 电阻	5 只

3. 实验原理

（1）利用运算放大器、电阻网络和数字电子开关，可以组成 D/A 转换器。

（2）利用集成数模转换器 ADC0801 配合少量外围元器件可以构成 A/D 转换器。

4. 实验内容与步骤

（1）DAC 实验。

① 按图 2 - 5 - 12 在数字实验仪上连接电路。输入的数字量 $D_0 \cdots D_3$ 控制模拟开关，以确定接地或接参考电压 U_{REF}，该部分用数字实验仪上的逻辑开关代替。

② 将 4 位逻辑开关置成 0000，调节电位器 R_1，使输出电压为 0。

③ 将 4 位逻辑开关置成 1111，调节电位器 R_F，使输出电压为计算值。

④ 改变 4 位逻辑开关的取值，对应于不同的组合，测出输出电压 u_0 值。

⑤ 用计数器 CC4520 的 4 位输出端代替逻辑开关，在时钟输入端输入 1 kHz 脉冲，DAC 输出接示波器，观察输出，画出波形图。

（2）ADC 实验。

① 按图 2 - 5 - 13 连接实验电路。

② 调节输入电压 u_i 大小，观察输出，通过发光二极管的亮灭，就知道 A/D 转换器的结果。发光二极管亮为"1"，灭为"0"。列表记录数据。

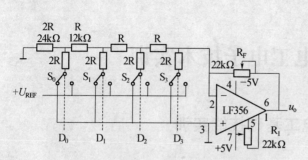

图 2 - 5 - 12　倒 T 形电阻网络 D/A 转换器

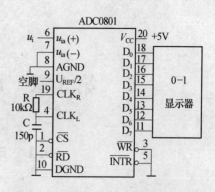

图 2 - 5 - 13　ADC0801 应用原理图

6. 实验考核标准

（1）实验纪律与学习态度　　　　　　　　　　　10 分。

（2）电路各部分的安装与调试技能　　　　　　　50 分。

（3）电路整体实验完成状况　　　　　　　　　　10 分。

（4）团队合作表现　　　　　　　　　　　　　　10 分。

（5）实验报告　　　　　　　　　　　　　　　　20 分。

7. 思考与练习

（1）记录实验结果,总结实验体会。

（2）根据实际问题分析 DAC 的输出误差由哪些因素引起。

第3章　电工电子技术实训

3.1　电工基础技能实训

电工的基本技能是电工的基本功,它包含的内容很多,我们主要介绍常用电工工具、电工辅助工具的使用,导线的连接与恢复等方面的基本操作技能,最后通过对配电柜的组装与调试,提高和巩固各项电工基础技能。

【实训1】　常用电工及电工辅助工具的使用

第一部分　实训内容及目标

(一)　实训目的及任务

(1) 了解常用电工工具的种类和特点。

(2) 了解电工辅助工具的特点和使用方法。

(3) 掌握常用电工及电工辅助工具的使用技能。

(4) 完成实训报告。

(二)　实训基本要求

(1) 严格遵守操作规程,安全用电。

(2) 掌握常用电工及辅助工具的使用方法。

(三)　实训器材

常用电工工具	1 套
闸刀开关	1 个
常用电工辅助工具	1 套
熔断器	2 个
导线	若干

(四)　实训报告

要求针对每天所学的常用电工工具、常用电工辅助工具的实训内容做好记录,写好实习日记。实训结束时,根据实习日记写出实训报告,实训报告要有标题、实训目的、实训任务、实训过程,基础理论说明以及故障检修记录及分析,最后要有实习体会和总结。

(五)　实训考核标准

(1) 实训纪律与学习态度	10 分。
(2) 常用电工工具和辅助电工工具的使用	60 分。
(3) 安全文明生产	10 分。
(4) 团队合作表现	10 分。
(5) 实训报告	10 分。

第二部分　实训理论知识及技能要求

一、常用电工工具

电工工具是电气操作的基本工具,在电工操作中,工具不合规格,质量不好或使用不当,都将影响施工质量、降低工作效率,甚至造成事故。

(一)测电笔

低压测电笔是检验导线、电器是否带电的一种常用工具,检验范围为 50V ~ 500V,通常有钢笔式和螺丝刀式两种,其内部结构如图 3 - 1 - 1(a)所示。

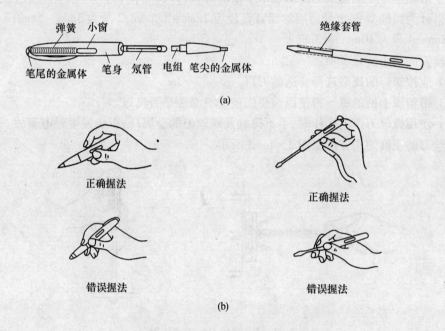

(a)

(b)

图 3 - 1 - 1　低压测电笔及其用法
(a) 低压测电笔内部结构; (b) 低压测电笔握法。

使用测电笔时,手指必须接触笔尾的金属体(钢笔式)或测电笔顶部的金属螺钉(螺丝刀式)。只要被测带电体与大地之间电压超过 60V 时,氖管就会发光。观察时,应将氖管窗口朝向操作者,如图 3 - 1 - 1(b)所示。

测电笔的使用方法和注意事项:

(1) 使用前应先在有电的导体上检验电笔是否正常发光,即检验其可靠性。

(2) 在明亮的光线下往往不容易看清氖管发光,因此应注意避光。

(3) 低压测电笔可以用来区分相线和零线,氖管发光的是相线,而不亮的是零线。

(4) 测电笔可以用来判断电压的高低。氖泡越暗,表明电压越低,反之则越高。

(5) 要注意防止测电笔受潮和强烈震动,平时不得随便拆卸。螺丝刀式测电笔露部分较长,可在金属杆上加绝缘套管,以便使用安全。

(二)螺丝刀

螺丝刀即螺钉旋具,又称改锥、起子或旋凿,是用来紧固或拆卸带槽螺钉的常用工具。螺丝刀按螺丝刀头部形状的不同,分一字形和十字形两种,如图 3 - 1 - 2 所示。

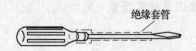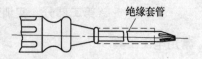

图 3 - 1 - 2　螺丝刀

一字形螺丝刀用来紧固或拆卸带一字槽的螺钉,其规格用柄部以外的体部长度表示,电工常用的有 50mm、150mm 两种。

十字形螺丝刀专供紧固或拆卸带十字槽的螺钉,其长度和十字头大小有多种,按十字头的规格分为四种型号:1 号适用的螺钉直径为 2mm ~ 2.5mm;2 号为 3mm ~ 5mm;3 号为 6mm ~ 8mm;4 号为 10mm ~ 12mm。

螺丝刀的使用注意事项:

（1）应按螺钉的规格选择合适的刀口。

（2）带绝缘手柄的螺丝刀使用前要先检查绝缘性是否良好。

（3）使用螺丝刀带电操作时,手不得触及螺丝刀的金属杆,以免发生触电事故。

螺丝刀的正确使用方法如图 3 - 1 - 3 所示。

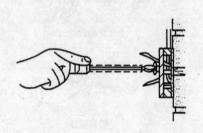

图 3 - 1 - 3　螺丝刀的正确使用

（三）钢丝钳

钢丝钳又称克丝钳、老虎钳,是电工应用最频繁的工具之一,其结构和用法如图 3 - 1 - 4所示。其中钳口用于弯绞和钳夹线头或其他金属、非金属物体;齿口用于旋动螺丝螺母;刀口用于切断电线、起拔铁钉、削剥导线绝缘层等;铡口则用于铡断硬度较大的金属丝,如钢丝、铁丝等。

钢丝钳的规格较多,电工常用的有 175mm、200mm 两种。电工用钢丝钳柄部加有耐压 500V 以上的塑料绝缘套。

使用钢丝钳的注意事项:

（1）使用前应检查绝缘套是否完好,绝缘套破损的钢丝钳不能使用。

（2）在切断导线时,不得将相线和中性线或不同相位的相线同时在一个钳口处切断,以免发生短路。

（3）使用钢丝钳时刀口向内侧,以便控制剪刀部位。

（4）不能用钳头代替手锤作为敲打工具,以免变形。除了钢丝钳,电工还常用到尖嘴钳和断线钳（又叫斜口钳）,如图 3 - 1 - 5 所示为尖嘴钳,如图 3 - 1 - 6 所示为断线钳。

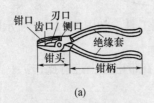

(a)   (b)

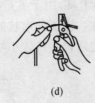
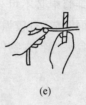

(c)   (d)   (e)

图 3-1-4　钢丝钳的构造和使用

（a）钢丝钳结构；（b）钳口的使用；（c）齿口的使用；（d）刀口的使用；（e）铡口的使用。

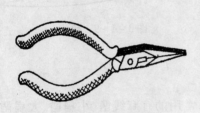
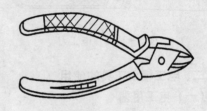

图 3-1-5　尖嘴钳　　　　　　　图 3-1-6　断线钳

（四）活络扳手

活络扳手又称活络扳头，简称扳子，是用来紧固和松动螺母的一种专用工具。活络扳手的钳口可在规格所定范围内，任意调整大小。其结构和握法如图 3-1-7 所示。

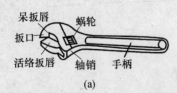
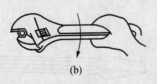

(a)   (b)   (c)

图 3-1-7　活络扳手

电工常用的活络扳手有 150mm × 19mm、200mm × 24mm、250mm × 30mm、300mm × 36mm 等规格。

活络扳手使用注意事项：

（1）使用活络扳手时不能反方向用力，否则容易扳裂活络扳唇。

（2）不准用钢管套在手顶上作加力杆使用。

（3）不准用作手撬棍撬重物或当手锤敲打。

（4）旋转螺杆、螺母时，必须把工件的两侧平面夹中，以免损坏螺杆或螺母的棱角。

59

（五）电工刀

电工刀是用来剖削和切割电工器材的常用工具。如图3-1-8所示电工刀的外形。

使用电工刀的注意事项：

① 由于它的刀柄没有绝缘，所以不能直接在带电体上进行操作。

② 割削时刀口应朝外，以免伤手。

③ 剖削导线绝缘层时，刀面与导线成45°倾斜角，以免削伤线芯。

（六）镊子

镊子是电器维修中必不可少的小工具，用于夹持导线线头、元器件等小型工件或物体。通常由不锈钢制成，有较强的弹性。镊子的形状如图3-1-9所示。头部较宽、较硬且弹性较强者适合夹持较大物件，反之适合夹持较小物件。

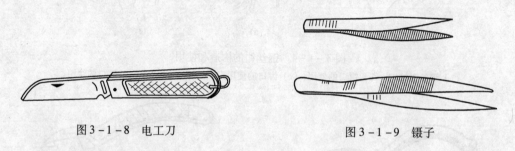

图3-1-8　电工刀　　　　　　　　　　　　　图3-1-9　镊子

二、电工辅助工具的使用

（一）电工用凿

电工用凿是在建筑物上手工打孔使用的工具，常用的有麻线凿、小扁凿、大扁凿、长凿等。

（1）麻线凿。麻线凿又叫圆榫凿或鼻冲，主要用于在混凝土结构或砖石结构的建筑物上凿打木榫孔或膨胀螺栓孔。如图3-1-10（a）所示，在凿打墙孔时，应边敲打边转动圆榫凿，使灰沙碎石能及时从孔中排出。

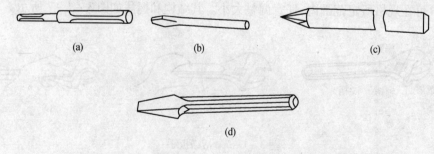

（a）　　　　　　（b）　　　　　　　　（c）

（d）

图3-1-10　电工用凿

（a）麻线凿；（b）小扁凿；（c）大扁凿；（d）长凿。

（2）小扁凿。如图3-1-10（b）所示，用于在砖结构建筑物上凿打方形木榫孔。电工常用的小扁凿凿口宽12mm。打孔时，应边打边移动，且及时掏出孔内灰沙、碎砖，还应随时观察墙孔是否与墙面垂直，四周是否平整，孔的大小、深度、锥度是否合适。

（3）大扁凿。如图3-1-10（c）所示，主要用于在砖结构建筑物上凿打较大的孔。电工常用的大扁凿凿口宽度为16 mm，其用法与小扁凿相同。

（4）长凿。如图3-1-10(d)所示，主要用于凿打穿墙孔，为安装穿墙套管作准备。长凿分为圆钢长凿和钢管长凿两类。电工常用长凿直径为19 mm、25 mm和30 mm；长度为300 mm、400 mm和500 mm等几种规格。打孔时，应边打边转动，边掏出孔内废渣。

（二）手电钻

手电钻是一种头部有钻头，内部装有单相整流电动机，靠旋转来钻孔的手持电动工具，通常有普通电钻和冲击电钻两种。如图3-1-11所示为冲击电钻的外形，它的用法是，把调节开关置于"钻"的位置，钻头只旋转而没有前后的冲击动作，可作为普通钻使用。若调到"锤"的位置时，镶有硬质合金的钻头便能在混凝土和砖墙等建筑构件上钻孔，通常可冲直径6mm～16 mm的圆孔。冲击电钻用做普通电钻时，用麻花钻头；作为冲击钻时，用专用冲击钻头。

（三）管子钳

管子钳是用于电气管道装修或在给排水工程中用于旋转接头及其他圆形金属工件的专用工具，其主要结构如图3-1-12所示，常用规格有250mm、300mm、350mm等几种。

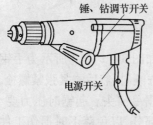

图3-1-11　冲击电钻　　　　　　　　图3-1-12　管子钳

（四）剥线钳

剥线钳是用于剥削小直径导线绝缘层的专用工具，其外形如图3-1-13所示。它的手柄是绝缘的，耐压等级为500V。剥线时为了不损伤线芯，线头应放在大于线芯的切口上剥削。

（五）紧线器

紧线器又名收线器或收线钳。在室内外架空线路的安装中，用以收紧将要固定在绝缘子上的导线，以便调整弧垂。常用的紧线器外形如图3-1-14所示。

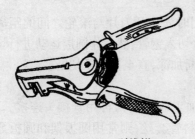

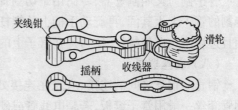

图3-1-13　剥线钳　　　　　　　　　图3-1-14　紧线钳

（六）弯管器

弯管器是用于管道配线中，将管道弯曲成型的专用工具。电工常用的有管弯管器和滑轮弯管器两类。如图3-1-15所示为管弯管器。在钢管加工要求较高的场合，特别是弯曲批量曲率半径相同的、直径在50mm～100 mm的金属管道时，可采用滑轮弯管器，其结构如图3－1－16所示。操作时,将钢管穿过两个滑轮之间的沟槽,扳动滑轮手柄,即可弯管。

图3－1－15 弯管器

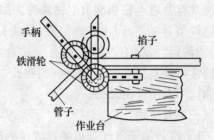

图3－1－16 滑轮弯管器

(七) 切割工具

常用的切割工具是手钢锯和管子割刀两类。

手钢锯常用于锯割槽板、木榫、角钢、电器管道等,如图3－1－17所示为手钢锯的结构。操作前先旋松张紧螺栓,安上锯条,注意锯齿向前方倾斜,然后收紧张紧螺栓,以免锯割时锯条左右晃动。锯割时,右手满握锯柄,左手轻扶锯弓前头。起锯时压力要小,行程要短,速度放慢。工件快锯断时,用左手扶住被锯下的部分,以免落下时损伤工件或危及操作人员。

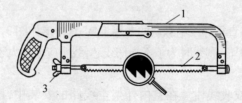

图3－1－17 手钢锯

管子割刀又叫割管器,专门用于切割管子,使用时先旋开刀片与滚轮之间的距离,将待割的管子卡入其间,再旋动手柄上的螺杆,使刀片切入钢管,然后作圆周运动进行切割,而且边切割边调整螺杆,使刀片在管子上的切口不断加深,直至把管子切断。

(八) 套丝器具

钢管与钢管之间的连接,应先在连接处套丝(加工成螺纹),再用管接头连接。厚壁钢管套丝一般用管子绞板,若是电线管或硬功夫塑料管套丝,则常用圆扳架和圆扳牙,如图3－1－18所示。

套丝时,先将管子固定在龙门钳上,伸出龙门钳正面的一端不要太长,然后将绞板丝牙套上管端,调整绞板活动刻度盘,使扳牙内径与钢管外径配合,用固定螺丝将扳牙锁紧,再调整绞板上的三个支持脚,使其卡住钢管,以保证套丝时扳牙前时平稳,不套坏丝扣。绞板调整好后,握住手柄,平稳向前推进,同时向顺时针方向扳动,如图3－1－19所示。

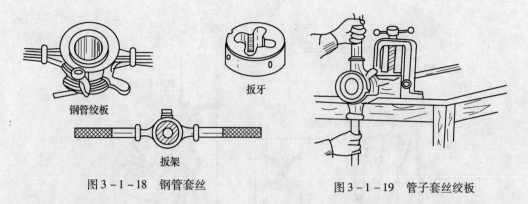

图 3-1-18　钢管套丝　　　　　　　　图 3-1-19　管子套丝绞板

（九）登高工具

1. 梯子

电工常用的梯子有直梯和人字梯两种。直梯通常用于户外登高作业,人字梯通常用于户内登高作业,如图 3-1-20 所示。

使用梯子时应注意:使用前要检查梯子是否结实,直梯两脚是否绑有胶皮之类的防滑材料,人字梯中间是否连有两道防自动滑开的安全绳;人在梯上作业时,为了扩大人体作业的活动幅度和保证一致用力过猛而产生不稳,必须按如图 3-1-21 所示的方法站立,不允许采取骑马式站立方式,以防人字梯两脚自然滑开时造成工伤事故;直梯靠墙的安全角度应对地面的夹角为 60°～75°,梯子安放位置必须与带电体保持足够的安全距离。

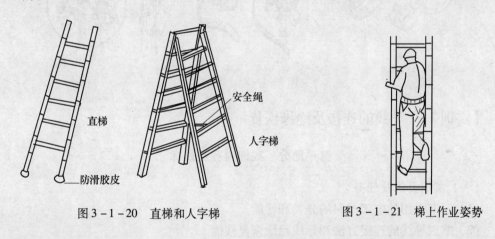

图 3-1-20　直梯和人字梯　　　　　　　图 3-1-21　梯上作业姿势

2. 踏板

踏板又称登高板,是攀登电杆的专用工具。主要由板、绳索和挂钩等三部分组成。踏板在每次使用前,应在电杆低处做人体冲击试验,将双脚站在登高板上用暴发力猛蹬,检验板和绳能否承受人的暴发冲击力,如图 3-1-22 所示。

3. 脚扣

脚扣又名铁脚,是另一种攀登电杆的专用工具,按用途的不同可以分为木杆脚扣和水泥杆脚扣,脚扣适合于杆上短时间作业。为了保证杆上作业人员的身体平稳,两只脚扣应按如图 3-1-23 所示的方法进行定位。

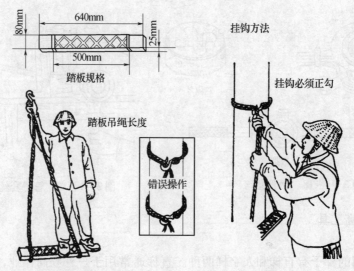

图 3 - 1 - 22　登高板

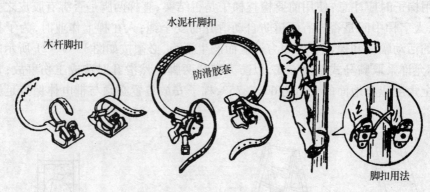

图 3 - 1 - 23　脚扣

【实训 2】　导线的连接及绝缘恢复

第一部分　实训内容及目标

（一）实训目的及任务

（1）了解常用的电工材料的分类和性能。

（2）掌握导线的连接方法和导线绝缘恢复技能。

（3）熟练使用常用电工及辅助工具。

（4）完成实训报告。

（二）实训基本要求

（1）严格遵守操作规程，安全用电。

（2）应会熟练地连接各种类型导线。

（3）应会熟练剖削常用导线的绝缘层。

（三）实训器材

常用电工工具　　　　　　　　　1 套

64

绝缘胶带	若干
常用电工辅助工具	1 套
导线	若干

（四）实训报告

要求针对常用电工工具、常用电工辅助工具的使用技巧，导线的连接与恢复技术等内容做好记录，写好实习日记。实训结束时，根据实习日记写出实训报告，实训报告要有标题、实训目的、实训任务、实训过程；基础理论说明；故障检修记录及分析以及实习体会和总结。

（五）实训考核标准

(1) 实训纪律与学习态度	10 分。
(2) 常用电工工具和辅助电工工具的使用	20 分。
(3) 常用导线的连接与恢复	40 分。
(4) 安全文明生产	10 分。
(5) 团队合作表现	10 分。
(6) 实训报告	10 分。

第二部分　实训理论知识及技能要求

一、导线的连接

导线的连接是电工基本技能之一。导线连接的质量关系着线路和设备运行的可靠性和安全程度。

（一）导线绝缘层的剖削

导线绝缘层的剖削是导线加工的第一步，是为以后导线连接做准备。

1. 塑料硬线绝缘层的剖削

塑料硬线绝缘层的去除，有条件时，用剥线钳较为方便。这里我们要求能用钢丝钳和电工刀剖削。

如图 3-1-24 所示，用钢丝钳剖削的方法：用左手捏住导线，在需要剖削线头处，用钢丝钳刀口轻轻切破绝缘层，但不能切伤线芯，再用左手拉紧导线，右手握住钢丝钳头部用力向外剥去塑料层。

如图 3-1-25 所示，用电工刀剖削的方法：

(1) 在需要剖削处，用电工刀以 45°角倾斜切入塑料绝缘层，注意刀口不能伤到线芯。

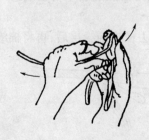

图 3-1-24　用钢丝钳勒绝缘层

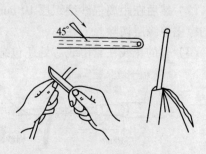

图 3-1-25　用电工刀剖削硬线

（2）刀面与导线保持 25°左右，用刀向线端推削，只削去上面一层绝缘塑料，不可切伤线芯。

（3）将余下的线头绝缘层向后扳翻，把该绝缘层剥离线芯。

2. 塑料软线绝缘层的剖削

塑料软线绝缘层的剖削除用剥线钳外，还可用钢丝钳剖削，方法与塑料硬线的方法相同，但不能用电工刀剖削。因塑料软线太软，线芯又由多股铜丝组成，用电工刀很容易伤及线芯。

3. 塑料护套线绝缘层的剖削

塑料护套线绝缘层分为外层的公共护套层和内部每根芯线的绝缘层。

护套层一般用电工刀剖削，如图 3 – 1 – 26 所示，方法如下：

（1）在线头所需长度处，用电工刀刀尖对准护套线中间线芯缝隙处划开护套线。若偏离线芯缝隙处，电工刀可能会划伤线芯。

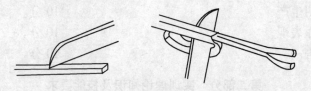

图 3 – 1 – 26　塑料护套线的剖削

（2）向后扳翻护套层，用电工刀把它齐根切去。

内部绝缘层的剖削方法：在切去护套层后，钢丝钳或电工刀按照剖削塑料硬线绝缘层的方法分别除去。钢丝钳或电工刀在切入时，切口应离护套层 5mm ~ 10mm。

4. 橡皮线绝缘层的剖削

橡皮线绝缘层外面有一层柔韧的纤维编织保护层，其剖削方法如下：

（1）先用剖削护套层的办法，用电工刀尖划开纤维编织层，并将其扳翻齐根切去。

（2）再用剖削塑料硬线绝缘层的方法，除去橡皮绝缘层。

（3）如果橡皮绝缘层内的芯线上还包缠着棉纱，可将该棉纱层松开，齐根切去。

5. 花线绝缘层的剖削

花线绝缘层分外层和内层，外层是一层柔韧的棉纱编织层。如图 3 – 1 – 27 所示，其剖削方法是：

（1）先用电工刀在线头所需要的长度处切割一圈拉去。

（2）然后在距离棉纱编织层 10 mm 左右处，用钢丝钳按照剖削塑料软线的方法将内层的橡皮绝缘层切除。

（3）有的花线在紧巾线芯处还包缠有棉纱层，在除去橡皮绝缘层后，再将棉纱层松开

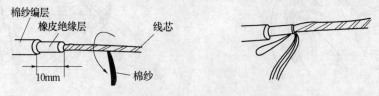

图 3 – 1 – 27　花线绝缘层的剖削

扳翻,齐根切去。

6. 橡皮软线(橡皮电缆)绝缘层的剖削

橡皮软线外包护套层,内部每根线芯上又有各自的橡皮绝缘层。外护套层较厚,可用电工刀按切除塑料护套层的方法切除,露出的多股芯线绝缘层,可用钢丝钳除去。

7. 铅包线护套层和绝缘层的剖削

铅包线绝缘层分为外部铅包层和内部芯线绝缘层。如图 3－1－28 所示,其剖削方法如下:

(1)先用电工刀把铅包层切割一刀。

(2)用双手反复扳动切口处,铅层便会沿切口折断,从而把铅包层套拉出来。

(3)内部芯线绝缘层的剖削方法与塑料硬线绝缘层的剖削法相同。

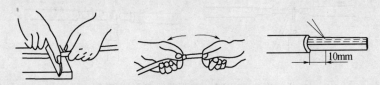

图 3－1－28　铅包线绝缘层的剖削

8. 漆包线绝缘层的去除

漆包线绝缘层是喷涂在芯线上的绝缘漆层。由于线径不同,去除绝缘层的方法也不一样。直径在 1mm 以上的,可用细砂纸或细纱布擦去;直径在 0.6mm 以上的,可用薄刀片刮去;直径在 0.1mm 及以下的也可用细砂纸或细纱布擦除,但易于折,需要小心。有时为了保留漆包线的芯线直径准确以便于测量,也可用微火烤焦其线头绝缘层,再轻轻刮去。

(二)导线线头的连接

常用的导线按芯线股数不同,有单股、7 股和 19 股等多种规格,其连接方法也各不相同。

1. 铜芯导线的连接

(1)单股芯线有绞接和缠绕两种方法,绞接法用于截面较小的导线,缠绕法用于截面较大的导线。

绞接法是先将已剖除绝缘层并去掉氧化层的两根线头呈 X 形相交,并互相绞合2 圈～3圈,接着扳直两个线头的自由端,将每根自由线端在对边的线芯上紧密缠绕到线芯直径的 6倍~8倍长,并将多余的线头剪去,修理好切口毛刺即可,如图 3－1－29 所示。

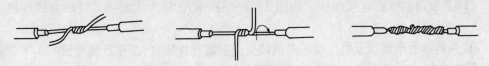

图 3－1－29　单股芯线直线连接

缠绕法是将已去除绝缘层和氧化层的线头相对交叠,再用直径为 1.6mm 的裸铜线做缠绕线在其上进行缠绕,如图 3－1－30 所示。

(2)单股芯线 T 形连接。单股芯线 T 形连接时,仍可用绞接法和缠绕法。绞接法是

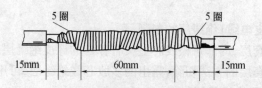

图 3 - 1 - 30　用缠绕法直线连接单股芯线

将先除去绝缘层和氧化层的线头与干线剖削处的芯线十字相交,注意在支路芯线根部留出 3mm ~ 5mm 裸线,接着按顺时针方向将支路芯线在干路芯线上紧密缠绕 6 圈 ~ 8 圈,剪去多余线头,修整好毛刺,如图 3 - 1 - 31 所示。

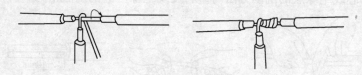

图 3 - 1 - 31　单股芯线 T 形连接

对于绞接法连接较困难的截面较大的导线,可用缠绕法,如图 3 - 1 - 32 所示。具体方法与单股芯线直连的缠绕法相同。

对于截面较小的单股铜芯线,可用如图 3 - 1 - 33 所示的方法完成 T 形连接,先把支路芯线线头与干路芯线十字相交,仍在支路芯线根部留出 3mm ~ 5mm 裸线,把支路芯线在干线上缠绕成结状,再把支路芯线拉紧扳直,并紧密缠绕在干路芯线上。为保证接头部位有良好的电接触和足够的机械强度,应保证缠绕长度为芯线直径的 8 倍 ~ 10 倍。

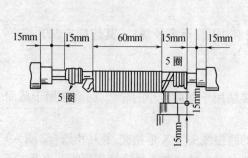

图 3 - 1 - 32　单股芯线缠绕法 T 形连接

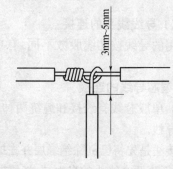

图 3 - 1 - 33　小截面单股芯线 T 形连接

（3）7 股铜芯线的直线连接。如图 3 - 1 - 34 所示,其为 7 股铜芯线的直线连接方法。

① 先将除去绝缘层及氧化层的两根线头分别散开并拉直,在靠近绝缘层的 1/3 处将该段线芯绞紧,把余下的 2/3 线头线头分散成伞形。

② 把两个分散成伞状的线头隔根对叉,然后捏平两端对叉的线头。

③ 把一端的 7 股线芯按 2 股、2 股、3 股分成三组,把第一组的 2 股线芯扳起,垂直于线头,然后按顺时针紧密缠绕 2 圈,将余下的线芯向右与线芯平行方向扳平。

④ 将第二组 2 股线芯扳成与线芯垂直方向,然后按顺时针方向紧压着前两股扳平的

68

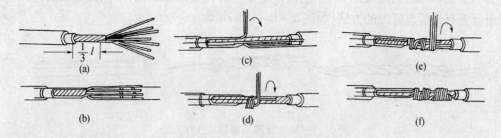

图 3-1-34　7 股铜芯线的直线连接

线芯缠绕 2 圈,并将余下的线芯向右与线芯平行方向扳平。

⑤ 将第三组的 3 股线芯扳成与线头垂直的方向,然后按顺时针方向紧压线芯向右缠绕。

⑥ 缠绕 3 圈后,切去每组多余的线芯,钳平线端。

⑦ 用同样的方法再缠绕另一边线芯。

(4) 7 股铜芯线的 T 形连接。如图 3-1-35 所示,7 股铜芯线的 T 形分支连接方法如下。

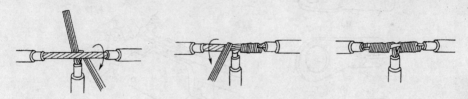

图 3-1-35　7 股铜芯线 T 形连接

① 在除去绝缘层和氧化层的支路线端分散拉直,在根部 1/8 处将其进一步绞紧,将支路线头按 3 和 4 的根数分成两组并整齐排列。接着用一字形螺丝刀把干线也分成尽可能对等的两组,并在分出的中缝处撬开一定距离,将支路芯线的一组穿过干线的中缝,另一组排于干路芯线的前面。

② 将前面一组在干线上按顺时针方向缠绕 3 圈~4 圈,剪除多余线头,修整好毛刺。

③ 接着将支路芯线穿越干线的一组在干线上迫发反时针方向缠绕 3 圈~4 圈,剪去多余线头,钳平毛刺即可。

④ 19 股铜芯线的直线连接和 T 形连接。19 股铜芯线的连接与 7 股铜芯线的连接方法基本相同。在直线连接中,由于芯线股数较多,可剪去中间的几股,按要求在根部留出一定长度绞紧,隔股对叉,分组缠绕。在 T 形连接中,支路芯线按 9 和 10 的根数分成两组,将其中一组穿过中缝后,沿干线两边缠绕。为保证有良好的电接触和足够的机械强度,对这类多股芯的接头,通常都应进行钎焊处理。

2. 电磁线头的连接

电机和变压器绕组用电磁线绕制,无论是重绕或维修,都要进行导线的连接,这种连接可能在线圈内部进行,也可能在线圈外部进行。前者是在导线长度不够或断裂时用,后者则在连接线圈出线端用。

(1) 线圈内部的连接。

对直径在 2mm 以下的圆铜线,通常是先绞线接后钎焊。绞接时要均匀,且两根线头互绕不少于 10 圈,两端要封口,不能留下毛刺。直径大于 2mm 的漆包圆铜线的连接,多使用套管套接后再钎焊的方法,如图 3-1-36 所示。

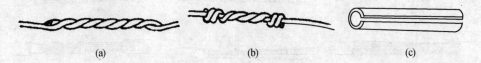

图 3-1-36　线圈内部端头连接方法
(a) 较小截面积的绞接;(b) 较大截面积的绞接;(c) 接头的连接套管。

(2)子线圈外部的连接。

这类连接有两种情况,一种是线圈间的串、并联,Y、△连接等。这类线头的连接,对小截面导线,仍采用先绞接后钎焊的办法;对截面较大的导线,可用乙炔气焊;另一种连接方式是制作引出端头,如图 3-1-37 所示的接线端子(接线耳),与线头之间用压接钳压接,若不用压接方法,也可直接钎焊。

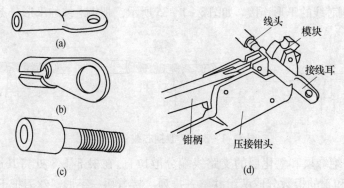

图 3-1-37　接线耳与接线桩螺钉
(a) 大载流量用接线耳;(b) 小载流量用接线耳;
(c) 接线桩螺钉;(d) 导线线头与接线头的压接方法。

(三)铝导线线头的连接

在电气线路施工中,铝导线线头的连接常用螺钉压接法、压接管压接法和沟线夹螺钉压接法三种。

1. 螺钉压接法

将剖除绝缘层的铝芯线头用钢丝侧或电工刀除去氧化层,涂上中性凡士林后,将线头伸入接头的线孔内,再旋转压线螺钉压接。线路上导线与开关、灯头、熔断器、仪表、瓷接头和端子板的连接,多用螺钉压接。单股小截面铜导线在电器和端子板上的连接也可采用此法。如果两个(或两个以上)线头要接在一个接线板上时,应事先将这几根线头扭成一股,再进行压接,如果直接扭绞的强度不够,还可在扭绞的线头处用小股导线缠绕后再插入接线孔压接,如图 3-1-38 所示。

2. 压接管压接法

此方法又叫套管压接法,它适用于室内外负荷较大的铝芯线头的连接。接线前,先选好合适的压接管,清除线头表面和压接管内壁上的氧化层及污物,再将两根线头相对插入,并

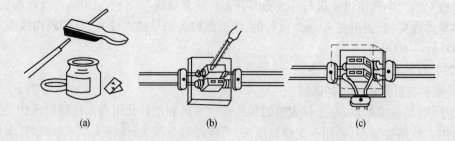

图 3 - 1 - 38　单股铝芯导线的螺钉压接法接线

（a）刷去氧化膜涂上凡士林；（b）在瓷头上作直线连接；（c）在瓷接头上作分路连接。

穿出压接管,使两线端各自伸出压接管 25mm ~ 30mm,然后用压接钳进行压接。如果压接的是钢芯铝绞线,应在两根芯线之间垫上一层铝质垫片。压接钳在压接管上的压坑数目,室内线头通常为 4 个。对于室外铝绞线,压坑数目为,截面为 $16mm^2$ ~ $35mm^2$ 的 6 个,$50mm^2$ ~ $70mm^2$ 的 10 个;对于钢芯铝绞线,$16mm^2$ 的 12 个,$25mm^2$ ~ $35mm^2$ 的 14 个,$50mm^2$ ~ $70mm^2$ 的 16 个,$95mm^2$ 的 20 个,$125mm^2$ ~ $150mm^2$ 的 24 个,如图 3 - 1 - 39 所示。

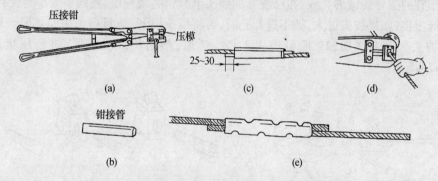

图 3 - 1 - 39　压接管压接法

（a）压接钳；（b）压接管；（c）线头穿过的压接管；（d）压接；（e）完成的铝线接头。

3. 沟线夹螺钉压接法

此法适用于室内外截面较大的架空线路的直线和分支连接。连接前先用钢丝刷除去导线线头和沟线夹线槽内壁上的氧化层及污物,并涂上中性凡士林,然后将导线卡入线槽,旋紧螺钉,使沟线夹紧夹线头,从而完成连接。为预防螺钉松动,压接螺钉上必须套装弹簧垫圈,如图 3 - 1 - 40 所示。

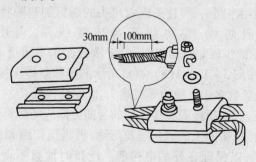

图 3 - 1 - 40　沟线夹螺钉压接法

沟线夹的大小和使用数量与导线截面有关。通常导线截面积在70mm² 及以内的,用一副小型沟线夹;截面积在70mm² 以外的,用两副较大型号的沟线夹,且两副沟线夹之间相距300mm～400mm。

(四)线头与接线桩的连接

1. 线头与针孔接线桩的连接

端子板、某些熔断器、电工仪表等的接线部位多是利用针孔附有压接螺钉压住线头完成连接的。线路容量小,可用一个螺钉压接;若线路容量较大,或接头要求较高时,应用两个螺钉压接。

单股芯线和接线桩连接时,最好按要求的长度将线头折成双股,且并排插入针孔,从而使压接螺钉顶紧双股芯线的中间。如果线头较粗,双股插不进针孔,也可直接用单股,但芯线在插入针孔前,应稍微朝着针孔上方弯曲,也可直接用单股,但芯线在插入针孔前,应稍微朝着针孔上方弯曲,以防压紧螺钉稍松时线头脱出,如图3－1－41 所示。

在绑扎接线桩上连接多股芯线时,先用钢丝钳将多股芯线进一步绞紧,以保证压接螺钉顶压时不致松散。注意针孔和线头的大小应尽可能配合,如果针孔过大,可选用一根直径大小相宜的铝导线做绑扎线,在已绞紧的线头上紧密缠绕一层,使线头大小与针孔合适后再进行压接;如果线头过大,插不进针孔时,可将线头散开,适量剪去中间几股。通常7股线可剪去1 股～2 股,19 股可剪去1 股～7 股,然后将线头绞紧,进行压接,如图3－1－42所示。

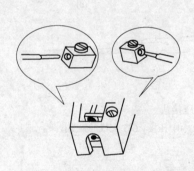

图3－1－41 单股芯线压接螺钉

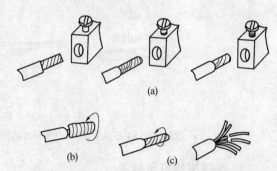

图3－1－42 多股芯线与针孔接线桩连接
(a) 针孔合适的连接;(b) 针孔过大时线头的处理;
(c)针孔过小时线头的处理。

2. 线头与平压式接线桩的连接

平压式接线桩是利用半圆头、圆柱头或六角头的螺钉加垫圈将线头压紧,完成连接。对于载流量小的单股芯线,先将线头弯成接线圈,再用螺钉压接应按图3－1－43(a)～(d)所示的步骤制作压接圈;对于横截面积不超过10mm²、股数为7 股及以下的多股的芯线,应按图3－1－44(a)～(t)所示的步骤制作压接圈;对于载流量较大、横截面积超过10 mm²、股数多于7 股的导线端头,应安装接线耳。

连接这类线头的工艺是:压接圈和接线耳的弯曲方向应与螺钉紧方向一致,连接前应清除压接圈、接线耳和接线垫圈上的氧化层及污物,再将压接圈和接线耳压在垫圈下面,用适当的力将螺钉拧紧,以保证良好的电接触。压接时注意不得将导线绝缘层压入垫圈内。

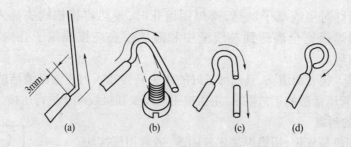

图 3 - 1 - 43　单股芯线压接圈的弯法

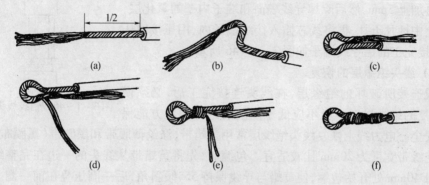

图 3 - 1 - 44　7 股导线压接圈的弯法

　　软线线头的连接也可用平压式接线桩。导线线头与压接螺钉之间的绕结方法如图
3 - 1 - 45所示。其工艺要求与上述多股芯线的压接相同。

图 3 - 1 - 45　软导线线头连接

（五）导线的封端

　　为保证导线线头与电气设备的接触和其机械性能,除截面积 10mm² 以下的单股铜芯
导线、2.5 mm² 及以下的多股铜芯线和单股铝芯线能直接与电气设备连接外,大于上述规
格的多股或单股芯线通常都应在线头上焊接或压接接线端子,这种工艺过程称为导线的
封端。但铜导线和铝导线的封端工艺是不完全相同的。

1. 铜导线的封端

　　铜导线的封端方法常用锡焊法或压接法。

　　（1）锡焊法。先除去线头表面式异构体接线端子内孔表面的氧化层和污物,分
别在焊接面上涂上无酸焊锡膏,在线头上先搪一层锡,并将适量焊锡放入接线端子

的线孔内,用喷灯对接线端子加热,待焊锡熔化时,趁热将搪锡线头插入端子孔内,继续加热,直到焊锡完全渗透到芯线缝中和灌满线头与接线端子孔内壁之间的间隙,方可停止加热。

（2）压接法。把表面清洁,且已加工好的线头直接插入内表面已清洁的接线端子线孔,然后按压接管压接法的工艺要求,用压接钳对线头和接线端子进行压接。

2. 铝导线的封端

铝导线表面极易氧化,用锡焊法比较困难,通常用压接法封端。压接前,剥掉导线端部的绝缘层,其长度为接线端子孔的深度再加上5mm,然后除掉导线表面和端子内壁的氧化层,同时涂上中性凡士林,再将线芯插入接线端子内,用压接钳压接,已压接完工的铝导线端子如图3-1-46所示。

（六）线头绝缘层的恢复

导线连接所破坏的绝缘层,在线头连接完工后,必须恢复,且恢复的绝缘强度一般不应低于剖削的绝缘强度方能保证用电安全。电力线上恢复线头绝缘层常用黄蜡带,涤纶薄膜带和黑胶带（黑膜布）三种封装。绝缘带宽度为20mm比较适宜。包缠时,先将黄蜡带从线头的一边在完整绝缘层上离切口40mm处开始包缠,使黄蜡与导线保持55°倾斜角,后一圈压叠在前一圈1/2的宽度上,如图3-1-47所示,黄蜡带包缠完以后,将黑胶带接在黄蜡带尾端,朝相反方向斜叠包缠,仍倾55°角,后一圈仍压叠前一圈的1/2。

图3-1-46　铝线线头封端

在380V的线路上恢复绝缘层时,先包缠1层~2层黄蜡带,如图3-1-47(a)所示;再包缠一层黑胶带,如图3-1-47(b)所示。在220V线路上恢复绝缘层,可先包一层黄蜡带,如图3-1-47(c)所示;再包一层黑胶带,如图3-1-47(d)所示,或不包黄蜡带,只包两层黑胶带,如图3-1-47所示。

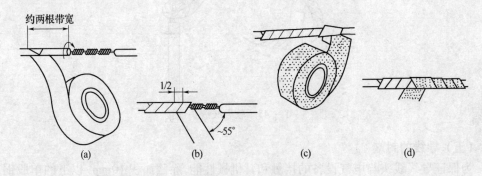

约两根带宽

1/2

~55°

(a)　　　　(b)　　　　(c)　　　　(d)

图3-1-47　绝缘带的包缠

【实训3】　配电箱组装与调试

第一部分　实训内容及目标

（一）实训目的及任务

（1）熟练使用常用电工及辅助工具。

（2）了解常用的电工材料性能。

（3）能熟练连接各类导线,且并恢复绝缘层。

（4）掌握配电箱的组装与调试技术。

（5）完成实训报告。

（二）实训基本要求

（1）严格遵守操作规程,安全用电。

（2）会剖削常用导线的绝缘层。

（3）了解配电柜的组装与调试的各项规程

（三）实训器材

常用电工工具	1 套
电度表	1 个
常用电工辅助工具	1 套
闸刀开关	1 个
导线	若干
熔断器	2 个

（四）实训报告

将配电箱的安装与调试技术要求、安全规程等内容做好记录,写好实习日记。实训结束时,根据实习日记写出实训报告,实训报告要有标题、实训目的、实训任务、实训过程;基础理论说明;故障检修记录及分析以及实习体会和总结。

（五）实训考核标准

（1）实训纪律与学习态度	10 分。
（2）配电柜的安装与调试	50 分。
（3）安全文明生产	10 分。
（4）团队合作表现	10 分。
（5）实训报告	20 分。

第二部分　实训理论知识及技能要求

（一）配电箱

配电箱是连接电源与用电设备的中间装置,它除了分配电能外,还具有对用电设备进行控制、测量、指示及保护等功能。将测量仪表和控制、保护等器件按一定规律安装在板上,并且装入专用箱中,便成为配电箱。下面主要介绍家用配电箱的组装。

（二）配电箱器件的安排

（1）布局要求应遵循能量的流动从左向右、从上到下的原则,按器件用途和功能排列,开关上掷为断开,熔断器上方接线柱接电源进线,下方接线柱接负载的出线。

（2）位置预排、器件定位。家用配电箱结构比较简单,配电箱装有单相电度表、闸刀开关、空气开关、漏电保护器及熔断器等。单相电度表一般装在配电箱的左边或上方,闸刀装在右边或下方。箱上器件之间的距度应满足表 3 - 1 - 1 的要求。

表 3-1-1　配电箱上各器件间距离

相邻设备名称	上下距离/mm	左右距离/mm	相邻设备名称	上下距离/mm	左右距离/mm
仪表与线孔	80		指示灯与设备	30	30
仪表与仪表		60	插入式熔断器与设备	40	30
开关与仪表		60	设备与箱壁	50	50
开关与开关		50	线孔与箱壁	30	30
开关与线孔	30		线孔与线孔		40

（三）配电箱的安装

（1）打穿线孔、固定器件。按照表 3-1-1 的要求将电度表、开关、熔断器的位置确定之后,用铅笔作上记号,并在穿线的位置钻孔,然后用木螺丝将这些器件固定在已确定的位置上,按图 3-1-48 所示进行接线。

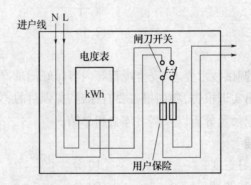

图 3-1-48　家用配电箱电路

（2）器件接线,要求导线的额定电流应略大于配电箱的总负载电流。

（3）在配电箱上元器件的安装工艺要求:

① 在配电箱上按预先的设计进行安装,元器件安装位置必须正确,倾斜度不超过 1.5°~5°,同类元器件安装方向必须保持一致。

② 元器件安装牢固,稍加用力摇晃无松动感 。

③ 文明安装、小心谨慎,不得损伤、损坏器材。

（4）线路敷设工艺要求:

① 照图施工,配线完整、正确,不多配、少配或错配。

② 在既有主电路又有辅助电路的配电箱内敷设线路,且两种电路必须选用不同颜色的线加以区别。

③ 配线长短适度,线头在接线桩上压接不得压住绝缘层,压接后裸线部分不得大于 1mm。

④ 凡与有垫圈的接线桩连接,线头必须做成"羊眼圈",且"羊眼圈"略小于垫圈。

⑤ 线头压接牢固,稍用力拉扯不应该有松动感。

⑥ 走线横平竖直,分布均匀。转角弯成90°,弯曲部分自然圆滑,弧度保持一致,转角控制在90°±2°以内。

⑦ 长线沉底,走线成束。同一平面内不允许有交叉线,必须交叉时,则应在交叉点架空跨越,两线间距不小于2mm。

⑧ 布线顺序一般以接触器为中心,由里向外,由低向高,先装辅助电路,后装主电路,以不妨碍后续布线为原则。

⑨ 对螺线旋式熔断器接线时,中心接片接电源,螺口接片接负载。

⑩ 上墙。配电箱应安装在不易受震动的建筑物上,板的下缘离地面1.5m~1.7m。安装时,除注意预埋紧固件外,还应保持电度表与地面垂直,否则将影响电度表计数的准确性。

(四)通电调试

要求接入熔断器,先闭合负载控制开关,再闭合总开关,观察运行情况,如有异常,立即断电,检查纠正。

3.2　电子技术基础技能实训

【实训1】　手工焊接工艺

第一部分　实训内容及目标

(一)实训目的及任务

(1)增强专业意识,培养良好的职业道德和职业习惯。

(2)学会手工焊接锡焊五步操作法。

(3)完成实训报告。

(二)实训基本要求

(1)能弄清电烙铁的结构,会熟练的拆装电烙铁,能正确地处理电烙铁出现的故障。

(2)学会电烙铁的几种握法和焊锡丝的拿法。

(3)弄清手工焊接的5个要点,并学会手工焊接的操作。

(4)学会根据不同的需要而撤离烙铁头的方法。

(5)能熟练的按手工焊接的顺序进行焊接操作。

(6)学会在接线端子上焊接导线的操作要领。

(三)实训器材

每人一把电烙铁(烙铁架)

每人30cm焊锡丝

1盒松香

印制电路板若干

铜丝和废旧元器件若干

（四）实训报告

实训结束时,根据实习日记写出实训报告,实训报告要有标题、实训目的、实训任务、实训过程;基础理论说明;故障检修记录及分析以及实习体会和总结。

（五）实训考核标准

(1) 实训纪律与学习态度　　　　　　　　　10 分。

(2) 手工焊接的操作　　　　　　　　　　　40 分。

(3) 接线端子上焊接导线的操作　　　　　　20 分。

(4) 安全文明生产　　　　　　　　　　　　10 分。

(5) 团队合作表现　　　　　　　　　　　　10 分。

(6) 实训报告　　　　　　　　　　　　　　10 分。

第二部分　实训理论知识及技能要求

一、电烙铁简介

（一）外热式电烙铁

外热式电烙铁一般由烙铁头、烙铁芯、外壳、手柄、插头等部分所组成。烙铁头安装在烙铁芯内,用以热传导性好的铜为基体的铜合金材料制成。烙铁头的长短可以调整(烙铁头越短,烙铁头的温度就越高),且有凿式、尖锥形、圆面形、圆、尖锥形和半圆沟形等不同的形状,以适应不同焊接面的需要。

（二）内热式电烙铁

内热式电烙铁由连接杆、手柄、弹簧夹、烙铁芯、烙铁头(也称铜头)5 个部分组成。烙铁芯安装在烙铁头的里面(发热快,热效率高达 85 % ~ 100%)。烙铁芯采用镍铬电阻丝绕在瓷管上制成,一般 20W 电烙铁其电阻为 $2.4k\Omega$ 左右, 35W 电烙铁其电阻为 $1.6k\Omega$ 左右。常用的内热式电烙铁的工作温度见表 3 - 2 - 1

表 3 - 2 - 1　内热式电烙铁的工作温度

烙铁功率 /W	20	25	45	75	100
端头温度 /℃	350	400	420	440	455

一般来说,电烙铁的功率越大,热量越大,烙铁头的温度也就越高。焊接集成电路、印制线路板、CMOS 电路一般选用 20W 内热式电烙铁。使用的烙铁功率过大,容易烫坏元器件(一般来说,二、三极管结点温度超过 200℃ 时就会烧坏)和使印制导线从基板上脱落;使用的烙铁功率太小,焊锡不能充分熔化,焊剂不能挥发出来,焊点不光滑、不牢固,易产生虚焊。焊接时间过长,也会烧坏器件,一般每个焊点在 1.5s ~ 4s 内完成。

（三）故障处理

1. 短路

这种情况只要接通电源就会烧保险,且其短路点通常在连杆上的接头处或插头的接线处。

(1) 松开手柄上固定电源线的紧固螺钉。

（2）旋下手柄，观看电源线是否绞在一起，如绞在一起，查看是否短路。

（3）如未绞在一起，取下电源线，并用万用电表电阻挡检查电源插头两插片之间的电阻，如阻值趋于零，则说明是电源线短路，此时可更换电源线或整理连接线，从而使其保持较好的绝缘状态。

（4）如电源线间电阻值趋于无穷大，再用万用表电阻挡测烙铁芯的引出线，如阻值很小趋于零，则说明是烙铁芯内部匝间短路，此时则需更换烙铁芯。

2. 断路

（1）在电源供电正常的情况下，通电后电烙铁不发热，一般来讲是电烙铁的烙铁芯或电源线及有关接头部位断路。

（2）首先观察电源插头两插片的连接线是否脱掉。

（3）松开紧固螺钉。

（4）旋开手柄，观察烙铁连杆接线柱上的电源线和测烙铁芯的引出线是否接触良好。

（5）取下电源线，用万用电表 R×100 挡测烙铁芯两接线柱间的阻值，对于 20W 电烙铁，如测得阻值为 2kΩ 左右，则说明烙铁芯完好。

（6）用万用电表的 R×100 分别测两根电源线，如果某根电源线的阻值在无穷大，则说明此电源线内部断路，因此可直接更换电源线或重新连接。

（7）不同功率烙铁芯的冷态阻值计算式，由欧姆定律可得

$$R = U^2/P$$

一般使用 220V 交流电，故实际计算式为 48400/P。

（8）如测得两连接线柱间的阻值趋于无穷大，而烙铁芯引线柱接触良好时，则一定是烙铁芯的电阻丝断路，此时可更换烙铁芯。

（四）电烙铁的选择

1. 选用电烙铁一般遵循的原则

（1）烙铁头的形状要适应被焊接物面要求和产品装配密度。

（2）烙铁头的顶端温度要与焊料的熔点相适应，且一般要比焊料熔点高 30℃ ~ 80℃（不包括在电烙铁头接触焊接点时下降的温度）。

（3）电烙铁热容量要恰当。烙铁头的温度恢复时间要与被焊接物面的要求相适应。温度恢复时间是指在焊接周期内，烙铁头顶端温度因热量散失而降低后，再恢复到最高温度所需时间。它与电烙铁功率、热容量以及烙铁头的形状、长短有关。

2. 选择电烙铁功率一般遵循的原则

（1）焊接集成电路，晶体管及其他受热易损件的元器件时，要考虑选用 20W 内热式或 25W 外热式电烙铁。

（2）焊接较粗导线及同轴电缆时，要考虑选用 50W 内热式或 45W ~ 75W 外热式电烙铁。

（3）焊接较大元器件时，如金属底盘接地焊片，应选 100W 以上的电烙铁。

（五）电烙铁的使用

1. 电烙铁的握法

电烙铁的握法分为三种（见图 3 - 2 - 1）：

（1）反握法，它是用五指将电烙铁的柄握在掌内。此法适用于大功率电烙铁，焊接散热量大的被焊件。

（2）正握法，此法适用于较大功率的电烙铁，弯形烙铁头的一般也用此法。

（3）握笔法，用握笔的方法握电烙铁。此法适用于小功率电烙铁，焊接散热量小的被焊件，如焊接收音机、电视机的印制电路板及其维修等。

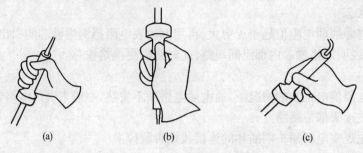

图 3 - 2 - 1　握电烙铁的手法示意

（a）反握法；（b）正握法；（c）握笔法。

2. 电烙铁使用前的处理

在使用前，应先通电给烙铁头"上锡"。首先用挫刀把烙铁头按需要，挫成一定的形状，然后接上电源，当烙铁头温度升到能熔锡时，将烙铁头在松香上沾涂一下，等松香冒烟后再沾涂一层焊锡，如此反复进行 2 次 ~3 次，使烙铁头的刃面全部挂上一层锡便可使用。

电烙铁不宜长时间通电而不使用，这样容易使烙铁芯加速氧化而烧断，缩短其寿命，同时也会使烙铁头因长时间加热而氧化，甚至被"烧死"不再"吃锡"。

3. 电烙铁使用注意事项

（1）根据焊接对象，合理选用不同类型的电烙铁。

（2）使用过程中不要任意敲击电烙铁头，以免损坏。内热式电烙铁连接杆钢管壁厚度只有 0.2mm，不能用钳子夹，以免损坏。在使用过程中，应经常维护，保证烙铁头挂上一层薄锡。

二、手工焊接

（一）手工焊接的工具与焊料

任何电子产品，从几个零件构成的整流器到成千上万个零部件组成的计算机系统，都是由基本的电子元器件器件构成，且按电路工作原理，用一定的工艺方法连接而成。虽然连接方法有多种（如绕接、压接、黏接等），但使用最广泛的方法是锡焊。

（1）手工焊接的工具主要是电烙铁、铬铁架，如图 3 - 2 - 2 所示。

为了提高焊接质量，必须注意掌握锡焊的条件：被焊件必须具备可焊性；被焊金属表面应保持清洁；使用合适的助焊剂；具有适当的焊接温度；具有合适的焊接时间。

（2）焊料与助焊剂。凡是用来熔合两种或两种以上的金属面，使之成为一个整体的金属或合金都叫焊料。这里所说的焊料只针对锡焊所用焊料，如图 3 - 2 - 3 所示。常用锡焊材料：管状焊锡丝、抗氧化焊锡、含银的焊锡、焊膏，而常用的助焊剂是松香。

（二）手工焊接的注意事项

手工锡焊接技术是一项基本功，就是在大规模生产的情况下，维护和维修也必须使用手工焊接，手工焊接如图 3 - 2 - 4 所示。手工焊接必须通过学习和实践操作才能熟练掌握，注意事项如下：

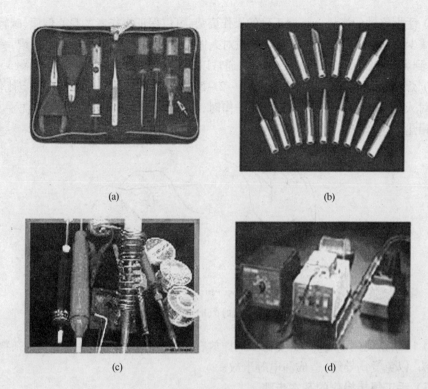

图 3 - 2 - 2　手工焊接工具

（a）工具包；（b）焊头；（c）手工焊具与焊锡丝；（d）热风枪实物。

图 3 - 2 - 3　焊料

图 3 - 2 - 4　手工焊接示意图

（1）手握铬铁的姿势。掌握正确的操作姿势，可以保证操作者的身心健康，减轻劳动伤害。为减少焊剂加热时挥发出的化学物质对人体的危害，减少有害气体的吸入量，一般情况下，烙铁到鼻子的距离应该不少于 20cm ，通常以 30cm 为宜。电烙铁的握法见图 3 - 2 - 1。

（2）焊锡丝一般有两种拿法，如图 3 - 2 - 5 所示。由于焊锡丝中含有一定比例的铅，而铅是对人体有害的一种重金属，因此操作时，应该戴手套或在操作后及时洗手，从而避免食入铅尘。

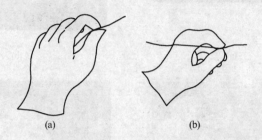

图 3 - 2 - 5　焊锡丝的拿法
（a）连续焊接时；（b）断续焊接时。

（3）电烙铁使用以后，一定要稳妥地插放在烙铁架上，并注意导线等其他杂物不要碰到烙铁头，以免烫伤导线，造成漏电等事故。

（三）手工焊接操作的基本步骤

掌握好电烙铁的温度和焊接时间，选择恰当的烙铁头和焊点的接触位置，才可能得到良好的焊点。正确的手工焊接操作过程可以分成五个步骤，如图 3 - 2 - 6 所示。

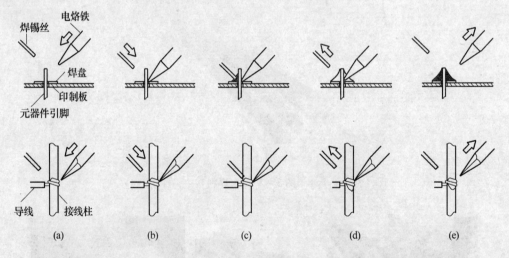

图 3 - 2 - 6　手工焊接步骤
（a）步骤一；（b）步骤二；（c）步骤三；（d）步骤四；（e）步骤五。

1. 基本操作步骤

（1）步骤一：准备施焊（见图 3 - 2 - 6（a））。左手拿焊丝，右手握烙铁，进入备焊状态。要求烙铁头保持干净，无焊渣等氧化物，并在表面镀有一层焊锡。

（2）步骤二：加热焊件（见图 3 - 2 - 6（b））。烙铁头靠在两焊件的连接处，加热整个焊件全体,时间大约为 1 s～2 s。对于在印制板上焊接元器件来说,要注意使烙铁头同时接触两个被焊接物。例如,图 3－2－6（b）中的导线与接线柱、元器件引线与焊盘要同时均匀受热。

（3）步骤三:送入焊丝(见图 3－2－6（c）)。焊件的焊接面被加热到一定温度时,焊锡丝从烙铁对面接触焊件。注意:不要把焊锡丝送到烙铁头上。

（4）步骤四:移开焊丝(见图 3－2－6（d）)。当焊丝熔化一定量后,立即向左上 45°方向移开焊丝。

（5）步骤五:移开烙铁(见图 3－2－6（e）)。焊锡浸润焊盘和焊件的施焊部位以后,向右上 45°方向移开烙铁,结束焊接。从第三步开始到第五步结束,时间大约也是 1s～2s。

2. 锡焊三步操作法

对于热容量小的焊件,例如,印制板上较细导线的连接,可以简化为三步操作。

（1）准备:同以上步骤一。

（2）加热与送丝:烙铁头放在焊件上后即放入焊丝。

（3）去丝移烙铁:焊锡在焊接面上浸润扩散达到预期范围后,立即拿开焊丝,并移开烙铁。注意:移去焊丝的时间不得滞后于移开烙铁的时间。对于吸收低热量的焊件而言,上述整个过程的时间不过 2s～4s ,各步骤的节奏控制,顺序的准确掌握,动作的熟练协调,都是要通过大量实践,并用心体会才能解决的问题。有人总结出了在五步骤操作法中用数秒的办法控制时间:烙铁接触焊点后数一、二(约 2s),送入焊丝后数三、四(约 2s),移开烙铁,焊丝熔化量要靠观察决定。此办法可以参考,但由于烙铁功率、焊点热容量的差别等因素,实际掌握焊接火候并无定章可循,因此必须具体条件具体对待。试想,对于一个热容量较大的焊点,若使用功率较小的烙铁焊接时,在上述时间内,可能加热温度还不能使焊锡熔化,因此焊接就无从谈起。

（四）手工焊接操作的具体手法

在保证得到优质焊点的目标下,具体的焊接操作手法可以有所不同,但下面这些前人总结的方法,对初学者的指导作用是不可忽略的。

1. 保持烙铁头的清洁

焊接时,烙铁头长期处于高温状态,又接触助焊剂等弱酸性物质,因此其表面很容易氧化腐蚀,并沾上一层黑色杂质,而这些杂质形成的隔热层,妨碍了烙铁头与焊件之间的热传导,所以,要注意用一块湿布或湿的木质纤维海绵随时擦拭烙铁头。对于普通烙铁头,在腐蚀污染严重时,可以使用锉刀修去表面氧化层;对于长寿命烙铁头,就绝对不能使用这种方法了。

2. 靠增加接触面积来加快传热

加热时,应该让焊件上需要焊锡浸润的各部分均匀受热,而不是仅仅加热焊件的一部分,更不要采用烙铁对焊件增加压力的办法,以免造成损坏或不易觉察的隐患。有些初学者用烙铁头对焊接面施加压力,企图加快焊接,这是不对的。正确的方法是,要根据焊件的形状选用不同的烙铁头,或者自己修整烙铁头,从而使烙铁头与焊件形成面的接触而不是点或线的接触。这样,就能大大提高传热效率。

3. 加热要靠焊锡桥

在非流水线作业中,焊接的焊点形状是多种多样的,不大可能不断更换烙铁头,因此若要提高加热的效率,则需要有进行热量传递的焊锡桥。所谓焊锡桥,就是靠烙铁头上保留少量焊锡,作为加热时烙铁头与焊件之间传热的桥梁。由于金属熔液的导热效率远远高于空气,因此能使焊件很快就被加热到焊接温度。应该注意,作为焊锡桥的锡量不可保留过多,这不仅是因为长时间存留在烙铁头上的焊料处于过热状态,实际已经降低了质量,而且还可能造成焊点之间误连短路。

4. 烙铁撤离的方法

烙铁的撤离要及时,而且撤离时的角度和方向与焊点的形成有关。如图 3 - 2 - 7 所示为烙铁不同的撤离方向对焊点锡量的影响。

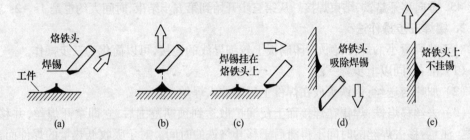

图 3 - 2 - 7　烙铁撤离方向和焊点锡量的关系
(a)沿烙铁轴向 45°撤离;(b)向上方撤离;(c)水平方向撤离;(d)垂直向下撤离;(e)垂直向上撤离。

5. 在焊锡凝固之前不能动

切勿使焊件移动或受到振动,特别是用镊子夹住焊件时,一定要等焊锡凝固后再移走镊子,否则极易造成焊点结构疏松或虚焊。

6. 焊锡用量要适中

手工焊接常使用的管状焊锡丝,内部已经装有由松香和活化剂制成的助焊剂。焊锡丝的直径有 0.5mm 、0.8mm、1.0mm、… 、5.0mm 等多种规格,因此要根据焊点的大小选用。一般,应使焊锡丝的直径略小于焊盘的直径。

如图 3 - 2 - 8 所示,过量的焊锡不但无必要地消耗了焊锡,而且还增加了焊接时间,降低了工作速度。更为严重的是,过量的焊锡很容易造成不易觉察的短路故障,而焊锡过少也不能形成牢固的结合。特别是焊接印制板引出导线时,焊锡用量不足时,则极容易造成导线脱落。

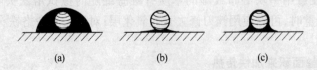

图 3 - 2 - 8　焊点锡量的掌握
(a)焊锡过多;(b)焊锡过少;(c)合适的锡量,合适的焊点。

7. 焊剂用量要适中

适量的助焊剂对焊接非常有利,而过量使用松香焊剂,不仅延长了加热时间,而且降低了工作效率,且焊接以后还需要擦除多余的焊剂。当加热时间不足时,又容易形成"夹渣"的缺陷。焊接开关、接插件的时候,过量的焊剂容易流到触点上,从而造成接触不良。

合适的焊剂量,应该是松香水仅能浸湿将要形成焊点的部位,而且不会透过印制板上的通孔流走,对使用松香芯焊丝的焊接来说,基本上不需要再涂助焊剂。目前,印制板生产厂在电路板出厂前大多进行过松香水喷涂处理,因此无需再加助焊剂。

8. 不要使用烙铁头作为运送焊锡的工具

有人习惯到焊接面上进行焊接,结果造成焊料的氧化。因为烙铁尖的温度一般都在300 ℃ 以上,焊锡丝中的助焊剂在高温时容易分解失效,焊锡也处于过热的低质量状态。特别应该指出的是,在一些陈旧的书刊中还介绍过用烙铁头运送焊锡的方法,请读者注意这些方法是错误的,不应该再使用。

(五)焊点质量及检查

对焊点的质量要求,应该包括电气接触良好、机械结合牢固和美观三个方面。保证焊点质量最重要的一点,就是必须避免虚焊。

1. 虚焊产生的原因及其危害

虚焊主要是由待焊金属表面的氧化物和污垢造成的,它使焊点成为有接触电阻的连接状态,导致电路工作不正常,出现连接时好时坏的不稳定现象,且噪声增加而没有规律性,这给电路的调试、使用和维护带来重大隐患。此外,也有一部分虚焊点在电路开始工作的一段较长时间内,保持接触尚好,因此不容易发现。但在温度、湿度和振动等环境条件的作用下,接触表面逐步被氧化,接触慢慢地变得不完全起来。虚焊点的接触电阻会引起局部发热,局部温度升高又促使不完全接触的焊点情况进一步恶化,最终甚至使焊点脱落,导致电路完全不能正常工作。这一过程有时可长达一、二年,其原理可以用"原电池"的概念来解释:当焊点受潮使水汽渗入间隙后,水分子溶解金属氧化物和污垢形成电解液,虚焊点两侧的铜和铅锡焊料相当于原电池的两个电极,铅锡焊料失去电子被氧化,铜材获得电子被还原。在这样的原电池结构中,虚焊点内发生金属损耗性腐蚀,局部温度升高加剧了化学反应,机械振动让其中的间隙不断扩大,直到恶性循环使虚焊点最终形成断路。

据统计数字表明,在电子整机产品的故障中,有将近1/2 是由于焊接不良引起的。然而,要从一台有成千上万个焊点的电子设备里,找出引起故障的虚焊点来,实在不是件容易的事。所以,虚焊是电路可靠性的重大隐患,必须严格避免。进行手工焊接操作的时候,尤其要加以注意。

一般来说,造成虚焊的主要原因是:焊锡质量差;助焊剂的还原性不良或用量不够;被焊接处表面未预先清洁好,镀锡不牢;烙铁头的温度过高或过低,表面有氧化层;焊接时间掌握不好,太长或太短;焊接中焊锡尚未凝固时,焊接元器件松动。

2. 对焊点的要求

要求有可靠的电气连接;足够的机械强度;光洁整齐的外观。

3. 典型焊点的形成及其外观

在单面和双面(多层)印制电路板上,焊点的形成是有区别的:在单面板上,焊点仅形成在焊接面的焊盘上方;但在双面板或多层板上,熔融的焊料不仅浸润焊盘上方,而且由于毛细作用,渗透到金属化孔内,焊点形成的区域包括焊接面的焊盘上方、金属化孔内和元器件面上的部分焊盘,如图3-2-9所示。

如图3-2-10所示,从外表直观看典型焊点,对它的要求是:形状为近似圆锥,而表

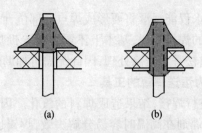

图3-2-9 焊点的形成

(a) 单面板;(b) 双面板。

面稍微凹陷,呈漫坡状,以焊接导线为中心,对称成裙形展开。虚焊点的表面往往向外凸出,可以鉴别出来;焊点上,焊料的连接面呈凹形自然过渡,焊锡和焊件的交界处平滑,接触角尽可能小;表面平滑,有金属光泽;无裂纹、针孔、夹渣。

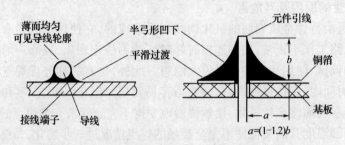

图3-2-10 典型焊点的外观

(六) 导线连接方式

导线同接线端子、导线同导线之间的连接有以下三种基本形式:

(1) 绕焊。导线和接线端子的绕焊,是把经过镀锡的导线端头在接线端子上绕一圈,然后用钳子拉紧缠牢后进行焊接,如图3-2-11所示。在缠绕时,导线一定要紧贴端子表面,且绝缘层不要接触端子。一般取 $L = 1mm \sim 3mm$ 为宜。

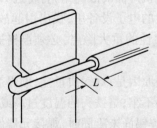

图3-2-11 导线和端子的绕焊

导线与导线的连接以绕焊为主,如图3-2-12所示。操作步骤如下:

① 去掉导线端部一定长度的绝缘皮。

② 导线端头镀锡,并穿上合适的热缩套管。

③ 两条导线绞合,焊接。

④ 趁热把套管推倒接头焊点上,用热风或用电烙铁烘烤热缩套管,套管冷却后应该固定并紧裹在接头上。

86

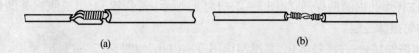

(a)　　　　　　　　　　　　(b)

图 3 - 2 - 12　导线与导线的绕焊

（a）细导线绕到粗导线上；（b）同样粗细的导线的绕焊。

这种连接的可靠性最好，在要求可靠性高的地方常常采用。

（2）钩焊。将导线弯成钩形钩在接线端子上，用钳子夹紧后再焊接，如图 3 - 2 - 13 所示。其端头的处理方法与绕焊相同，这种方法的强度低于绕焊，但操作简便。

（3）搭焊。图 3 - 2 - 14 所示为搭焊，这种连接最方便，但强度及可靠性最差。图 3 - 2 - 14（a）是把经过镀锡的导线搭到接线端子上进行焊接，仅用在临时连接或不便于缠、钩的地方以及某些接插件上。

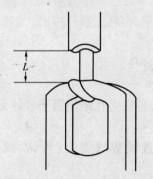

图 3 - 2 - 13　导线和端子的钩焊

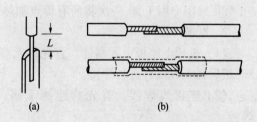

(a)　　　　　　(b)

图 3 - 2 - 14　搭焊

（a）导线和端子的搭焊；（b）导线和导线的搭焊。

对调试或维修中导线的临时连接，也可以采用如图 3 - 2 - 14（b）所示的搭接办法，但这种搭焊连接不能用在正规产品中。

（4）杯形焊件焊接法 。这类接点多见于接线柱和接插件，且一般尺寸较大，如果焊接时间不足，容易造成"冷焊"。这种焊件一般是和多股软线连接，焊前要对导线进行处理，先绞紧各股软线，然后镀锡，对杯形焊件也要进行处理。操作方法如图 3 - 2 - 15 所示。

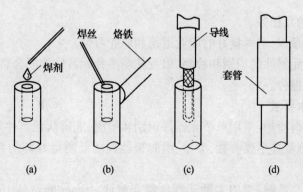

(a)　　　(b)　　　(c)　　　(d)

图 3 - 2 - 15　杯形接线柱焊接方法

① 往杯形孔内滴助焊剂,如图 3 - 2 - 15(a)所示,若孔较大,用脱脂棉蘸助焊剂,并在孔内均匀擦沫一层。

② 用烙铁加热,并将锡熔化,靠浸润作用流满内孔,如图 3 - 2 - 15(b)所示。

③ 将导线垂直插入到孔的底部,移开烙铁并保持到凝固。在凝固前,导线切不可移动,以保证焊点质量,如图 3 - 2 - 15(c)所示。

④ 完全凝固后立即套上套管,如图 3 - 2 - 15(d)所示。

由于这类焊点一般外形较大,散热较快,所以在焊接时应选用功率较大的电烙铁。

(七)拆焊与重焊

1. 拆焊技术

(1) 引脚较少的元器件拆法。一只手拿电烙铁加热待拆元器件的引脚焊点,熔解原焊点焊锡,另一只手用镊子夹住元器件轻轻往外拉。

(2) 多焊点元器件且元器件引脚较硬拆法。

① 采用吸锡器或吸锡烙铁逐个将焊点上焊锡吸掉后,再将元器件拉出。

② 用吸锡材料将焊点上的锡吸掉。

③ 采用专用工具,一次将所有焊点加热熔化,取下焊件。

2. 重新焊接

(1) 重焊电路板上元器件。首先将元器件孔疏通,再根据孔距用镊子弯好元器件引脚,然后插入元器件进行焊接。

(2) 连接线焊接。首先将连线上锡,再将被焊连线焊端固定(可钩、绞),然后焊接。

(八)思考与练习

(1) 什么是焊接?锡焊有哪些特点?

(2) 焊点的形成应具备哪些条件?

(3) 在焊接过程中,助焊剂具有什么作用?

(4) 手工焊接的基本方法是什么?

【实训 2】 常用电子元器件的识别和检测

第一部分 实训内容及目标

(一)实训目的及任务

(1) 增强专业意识,培养良好的职业道德和职业习惯。

(2) 学会单个元器件的识别和检测,以及其与多种元器件的混合辨认。

(3) 完成实训报告。

(二)实训基本要求

(1) 初步识别与检测:采用单个元器件识别和检测,能辨认元器件外形特征、种类、性能等;能用万用表测量其主要参数、类型、引脚极性判断及质量好坏的判断。每分钟检测不少于 3 个元器件。

(2) 提高识别与检测:采用多种元器件混合辨认,10min 能辨认 100 个以上,且准确率达 95%;能用万用表在 30min 内检测完毕,且正确率达 85% 以上。

（3）熟练识别与检测：采用多种元器件混合辨认，10min 能辨认 200 个以上，且正确率达 100％；用万用表在 100min 内能检测完毕，且正确率达 95％以上。

（三）实训器材

每人 1 块万用表

电子元器件 200 个

（四）实训报告

实训结束时，根据实习日记写出实训报告，实训报告要有标题、实训目的、实训任务、实训过程；基础理论说明；故障检修记录及分析以及实习体会和总结。

通过本节学习与实训，你掌握了元器件哪些方面知识？你印象最深的是哪些内容？你用万用表能准确检测哪些内容？怎样提高元器件识别和检测速率？

（五）实训考核标准

（1）实训纪律与学习态度　　　　　　10 分。

（2）单个元器件识别和检测　　　　　30 分。

（3）多种元器件混合辨认　　　　　　30 分。

（4）安全文明生产　　　　　　　　　10 分。

（5）团队合作表现　　　　　　　　　10 分。

（6）实训报告　　　　　　　　　　　10 分。

第二部分　实训理论知识及技能要求

一、元器件的识别与检测

电子元器件的识别与检测，是为了了解它们的性能，掌握判断它们的优劣，从而正确地进行装配，保证完成装配任务和质量。识别与检测的原理和方法，是我们运用视觉和仪表（万用表），根据元器件的特性、参数和万用表检测原理，把元器件的电磁学量与同类标准量进行比较的过程。检测要求，应在无电状态下进行。

（一）电阻器的识别与测量

1. 外形、种类识别

电阻器的外形有圆柱形、长方体型，有两根引脚且沿轴线伸展；圆片型也有两根引脚，引脚贴在圆片两边；长方形薄片的电阻器没有引脚。它们的大小都不一，外表的颜色、电阻器的外形和种类也很多，如图 3－2－16 所示。（见实物）

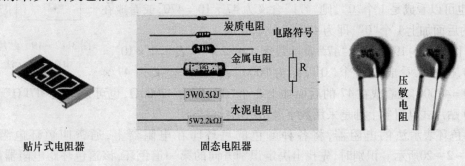

贴片式电阻器　　　　　　　　固态电阻器

图 3－2－16　电阻器外形

2. 材料识别

电阻器制成材料有很多种,如碳膜材料、金属膜材料、玻璃釉或其他材料等,如图3－2－17所示。根据电阻器外形的颜色判断其制成材料。直接表示法的碳膜电阻器,其外形颜色一般为绿色;金属膜电阻器,其外形颜色一般为红色。色环表示法的电阻器,碳膜电阻器其外形颜色一般为米色;金属膜电阻器,其外形一般为淡蓝色,且一般均为四道环,而五道环的电阻器都为金属膜材料的电阻器,与电阻器的底色无关。

图3－2－17　电阻器材料识别

3. 性能识别

高频、低频,线性式调节、指数式调节等(代号略)。

4. 阻值识别

电阻器的阻值表示方法有字标标注法(直接表示、数字表示),色环表示法。

直接表示法的电阻器,是用阿拉伯数字和文字符号来表示电阻器的阻值及其他性能的,如图3－2－18所示。

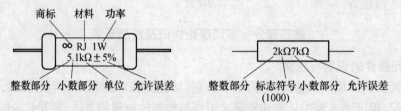

图3－2－18　电阻器的标注

数字表示法的电阻器,通常由3位阿拉伯数字组合而成。第1位数字和第2数字表示电阻器的具体阻值数,第3位数字表示1×10^n,也可以看成是(0)的个数。

图3－2－19(a)中,"47"表示数字4和7,"0"表示$1 \times 10^0 = 1$,也可以看成没有"0",则470含义为$47 \times 1 = 47$,或看成在47的后面没有"0",即为47,单位是欧姆。

图3－2－19(b)中,"47"表示数字4和7,"1"表示$1 \times 10^1 = 10$,也可以看成是1个"0",则"471"含义为$47 \times 10 = 470$,或看成在47的后面加上1个"0",即为470,单位是欧姆。

图3－2－19(c)中,"47"表示数字4和7,"3"表示$1 \times 10^3 = 1000$,也可以看成有3个"0",即为"000",则473含义为$47 \times 1000 = 47000$,或看成在47的后面加上3个"0",即为47000Ω,也可以写成"$47k\Omega$"。在SMD贴片式电阻器上都是采用数字表示法的标注方法。

470	(a)
471	(b)
473	(c)

图3－2－19　贴片式
电阻器表示法

色环表示法的电阻器,将各种颜色的色环印在电阻器上,通常叫色环电阻,如图3－2－20所示。识别时,先找出决定识别方向的第一道色环,该道色环距电阻器的一端引线距离较近。如果两边的色环与电阻器的两端距离相似,则应对照电阻器的标称阻值来加以判断。如识别出的阻值不在标称阻值之列,则说明该次的识别方向及识别的阻

90

值是错误的,应改变识别方向再次识别。但在实践中发现,有些色环电阻的排列顺序不甚分明,往往容易读错,因此在识别时,可运用如下技巧加以判断。技巧①:先找标志误差的色环,从而排定色环顺序。最常用的表示电阻误差的颜色是:金、银、棕,尤其是金环和银环,一般绝少用做电阻色环的第一环,所以在电阻上只要有金环和银环,就可以基本认定这是色环电阻的最末一环。技巧②:棕色环是否是误差标志的判别。棕色环既常用做误差环,又常作为有效数字环,且常常在第一环和最末一环中同时出现,从而使人很难识别谁是第一环。在实践中,可以按照色环之间的间隔加以判别。例如,对于一个五道色环的电阻而言,第五环和第四环之间的间隔比第一环和第二环之间的间隔要宽一些,据此可判定色环的排列顺序。技巧③:在仅靠色环间距还无法判定色环顺序的情况下,还可以利用电阻的生产序列值来加以判别。例如有一个电阻的色环读序是:棕、黑、黑、黄、棕,其值为:$100 \times 104\Omega = 1M\Omega$,误差为 1% ,则属于正常的电阻系列值;若是反顺序读:棕、黄、黑、黑、棕,其值为 $140 \times 100\Omega = 140\Omega$,误差为 1% 。显然按照后一种排序所读出的电阻值,在电阻的生产系列中是没有的,故后一种色环顺序是不对的。

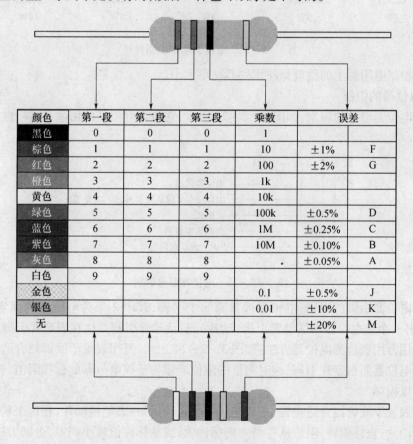

颜色	第一段	第二段	第三段	乘数	误差	
黑色	0	0	0	1		
棕色	1	1	1	10	±1%	F
红色	2	2	2	100	±2%	G
橙色	3	3	3	1k		
黄色	4	4	4	10k		
绿色	5	5	5	100k	±0.5%	D
蓝色	6	6	6	1M	±0.25%	C
紫色	7	7	7	10M	±0.10%	B
灰色	8	8	8	.	±0.05%	A
白色	9	9	9			
金色				0.1	±0.5%	J
银色				0.01	±10%	K
无					±20%	M

图 3-2-20 色环电阻器

六环电阻器的表示方法,六环电阻的前五环和五环电阻一样,只是后面多了一个表示温度系数的环,红表示 $\pm 50 \times 10^{-6}/℃$,橙表示 $\pm 15 \times 10^{-6}/℃$,黄表示 $\pm 25 \times 10^{-6}/℃$,绿表示 $\pm 20 \times 10^{-6}/℃$,蓝表示 $\pm 10 \times 10^{-6}/℃$,紫表示 $\pm 5 \times 10^{-6}/℃$,灰表示 $\pm 1 \times 10^{-6}/℃$。单位 $\times 10^{-6}/℃$ 是百万分每度的意思。例如, $\pm 50 \times 10^{-6}/℃$ 的意思是指温度每变化 1℃,

阻值比标称阻值的相对变化是 $\pm 50 \times 10^{-6}$。

5. 电阻器功率的识别

（1）根据电阻器的外形判断其功率大小。电阻器的功率与电阻器的外形大小有直接关系，一般说来，电阻器的功率越大，其外形体积也就越大。

（2）根据电阻器的型号识别其功率大小，如图 3 - 2 - 21 所示。

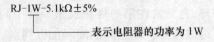

图 3 - 2 - 21　电位器功率识别

（3）根据电阻器的符号识别其功率大小，如图 3 - 2 - 22 所示。

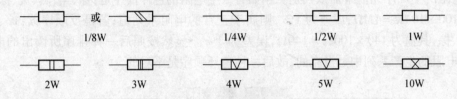

图 3 - 2 - 22　电位器功率识别符号

（4）根据电阻器上的性能标注识别其功率大小。

6. 电位器的识别

（1）电位器型号的识别：如图 3 - 2 - 23 所示，它包含电位器的用途、材料、性能、安装形式等。

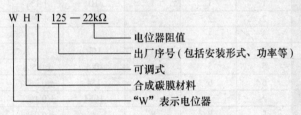

图 3 - 2 - 23　电位器型号识别

（2）电位器引脚的识别：电位器通常有 3 个引脚，其中 2 个为电位器的固定臂引脚（定片），另一个是电位器的活动臂引脚（动片），且活动臂引脚往往在固定臂引脚之间。

（3）用万用表检测电位器方法：如图 3 - 2 - 24 所示，万用表置于欧姆挡合适量程，两根表笔接电位器两根定片引脚，这时测量的阻值应该等于该电位器的标称阻值，否则说明该电位器以损坏。

万用表置于欧姆挡合适量程，一表笔接一个定片，另一表笔接动片，在这个状态下，转动电位器动片，表针偏转，阻值从零增大到标称值，或从标称值减小到零，否则为故障。

（4）电阻器的测量方法如图 3 - 2 - 25 所示。将万用表置于电阻挡量程，表笔不分红黑，分别接电阻器的两根引脚。指针式万用表应使指针处在标度尺的中间位置，如果指针过于偏左或偏右，则说明量程选择不当，应改变量程后再测量，以便提高测量精度。

数字万用表测量电阻，量程开关拨至"Ω"范围内合适挡，红表笔插在"$V - \Omega - mA$"插孔，黑表笔插入"COM"插孔，如果量程开关置于 20M 或 2M，显示值以"$M\Omega$"为单位；置于

图 3 - 2 - 24   万用表测量电位器

2k 挡,以"kΩ"为单位;置于 200 挡,则以"Ω"为单位。

电阻器测量操作时,切不可用手将电阻器的两根引脚同时和表笔金属部分捏在一起,以防引入误差,如图 3 - 2 - 26 所示。

图 3 - 2 - 25   电阻的正确测量方法

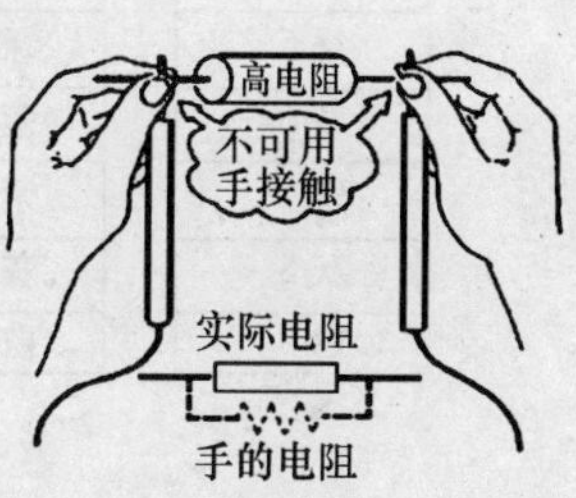

图 3 - 2 - 26   测量方法错误

(二) 电感器的识别与测量

(1)电感器外形、种类识别:电感器外形和种类形形色色,没有抽头的电感器有两根引脚,这两根引脚是不分正、负极性的,可以互换使用。如果电感器有抽头,引脚数目就会大于两根。三根引脚的电感器就有头、尾和抽头之分,不能相互弄错。

常见的电感器有空心线圈、铁芯式电感线圈、调帽式电感线圈、磁罐式、固定式和贴片式等,如图 3 - 2 - 27 所示。

图 3 - 2 - 27   电感器外形及种类

(2)电感器参数识别:电感器参数有偏差、品质因数、额定电流、分布电容、寄生电容等,它们直接影响电感器的使用效果。

(3)电感量识别:电感器的电感值大小用直标法表示。直标法是直接在电感器外壳上标出电感量的标称值,同时用字母表示额定工作电流,再用 I (±5%)、± II (10%)、± III (20%)表示允许偏差参数。

电感器的电感值采用色标法表示,色环印在电感器的表面上,其读法与色环电阻器相似,如图 3 - 2 - 28 所示。

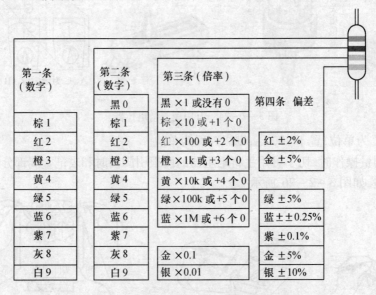

第一条 (数字)	第二条 (数字)	第三条(倍率)	第四条 偏差
	黑 0	黑 ×1 或没有 0	
棕 1	棕 1	棕 ×10 或 +1 个 0	
红 2	红 2	红 ×100 或 +2 个 0	红 ±2%
橙 3	橙 3	橙 ×1k 或 +3 个 0	金 ±5%
黄 4	黄 4	黄 ×10k 或 +4 个 0	
绿 5	绿 5	绿 ×100k 或 +5 个 0	绿 ±5%
蓝 6	蓝 6	蓝 ×1M 或 +6 个 0	蓝 ± ± 0.25%
紫 7	紫 7		紫 ±0.1%
灰 8	灰 8	金 ×0.1	金 ±5%
白 9	白 9	银 ×0.01	银 ±10%

图 3 - 2 - 28 电感器的色环

(4) 电感测量方法:电感线圈好坏判断检测。用指针式万用表的 R ×1Ω 挡测量电感器的直流阻值,测其电阻值极小(一般为零),则说明电感器基本正常;若测量阻值为 ∞ ,则说明电感器已经开路损坏。对于具有金属外壳的电感器(如中周),若检测得振荡线圈的外壳(屏蔽罩)与各管脚之间的阻值,不是 ∞ ,而是有一定电阻值或为零,则说明该电感器存在问题。

采用具有电感挡的数字万用表来检测电感器是很方便的,将数字万用表量程开关拨至合适的电感挡,然后将电感器两个引脚与两个表笔相连,即可从显示屏上显示出该电感器的电感量。若显示的电感量与标称电感量相近,则说明该电感器正常;若显示的电感量与标称值相差许多,则说明该电感器有问题。

需要说明的是:在检测电感器时,数字万用表的量程选择很重要,最好选择接近标称电感量的量程去测量,否则,测试的结果将会与实际值有很大的误差。

(三)电容器识别与检测

(1) 电容器外形、种类识别,电容器外形和种类很多,普通固定式电容器的外形可以是圆柱形、长方形、圆片状等,且有两根引脚,外壳是彩色的,体积有的比电阻器大,有的比电阻器小,如图 3 - 2 - 29 所示。

(2) 电容器容量识别,电容器容量值的标注方法有许多种,主要有直标法 、色标法、字母数字混标法、3 位数表示法、4 位数表示法等。

① 电容器容量的直接表示法。直接表示法采用数字加字母的方法来表示一个电容器的容量,用这种方法识别电容器的容量,识别时比较直观,如图 3 - 2 - 30 (a)、(b)、(c)所示。

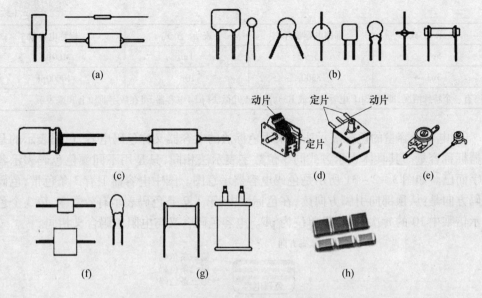

图 3 - 2 - 29　电容器外形、种类

（a）薄膜电容；（b）瓷介质电路；（c）电解电容；（d）可调电容；
（e）微调电容；（f）云母电容；（g）纸介电容；（h）贴片电容。

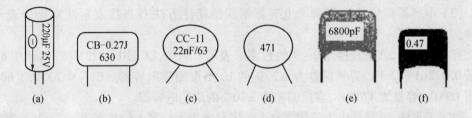

图 3 - 2 - 30　电容器表示法

　　② 电容器的容量数字表示法。数字表示法通常由 3 位数组成，第 1 位数字和第 2 位数字表示有效数，第 3 位数表示倍率，即表示是 10 的 n 次方。3 位表示法中的标称电容量单位是 pF，如图 3 - 2 - 20（d）所示。"47"表示有效数字 4 和 7，"1"表示 $1 \times 10^1 = 10$，也可以看成是 1 个"0"，则"471"的含义为 $47 \times 10^1 = 470$，或看成在"47"的后面加上 1 个"0"，即 470pF。"470"、"473"、"272"依此类推。

　　用 4 位整数来表示标称容量，此时电容器的容量单位是 pF。如图 3 - 2 - 20（e）所示，其为 6800pF。

　　用小数（有时不足 4 位数字）来表示标称容量，此时电容器的电容量单位是 μF，如图 3 - 2 - 29（f）所示，为 0.47μF。

　　③ 字母数字混标法。这种表示法与电阻器相同，见表 3 - 2 - 2。

表 3 - 2 - 2　字母数字混标法的含义

表 示 方 式	标称电容量/pF	表 示 方 式	标称电容量
p1 或 p10	0.1	μ33 或 R33	0.33μF
1p0	1	5μ9	5.9μF

表 示 方 式	标称电容量/pF	表 示 方 式	标称电容量
5p9	5.9	1m	100μF
3n3	3300	10n	10000pF
注:有一个特殊情况,即 0.33μF 电容表示成 R33,凡零点几微法(μF)电容器,可在数字前加上 R 来表示			

④ 电容器容量的色标表示法。采用色标法的电容器又称色码电容,色码表示的是电容器标称容量。其具体表示方式同 3 位数字表示法相同,只是用不同颜色色码表示各位数字而已。如图 3-2-31 所示是色码电容器示意图。图中电容器上有 3 条色带,色码的读码方向是:从顶部向引脚方向读,在色标法中,第 1、2 条色码表示有效数字,第 3 个色码表示倍乘中 10 的 n 次方,容量单位为 pF。电容色码含义与电阻色码含义相同。

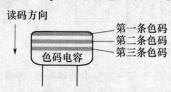

图 3-2-31　色标法电容器示意图

（3）电容器耐压值的识别。电容器耐压值标注方法有直接表示法和字母表示法两种。

直接表示法,就是直接用 0~9 的数字来表示。例如,CCB10-223M/63V,耐压 63V,容量 0.022μF(22nF),容量偏差为 ±20% 的 10 型聚酯膜电容器。CL-4 700M/1 600V,耐压 1600V,容量为 4700pF,容量偏差为 ±20% 的涤纶电容器。

数字表示法,通常是由 1 位数字和 1 位字母来表示。第 1 位数字表示 $1×10^n$,第 2 位字母表示 1 个数(见表 3-2-3),然后将第 1 位和第 2 位相乘后的乘积就是该电容器的耐压值,单位为伏(V)。

表 3-2-3　电容器耐压数字表示法一览表

A	B	C	D	E	F	G	H	J	K	W	Z
1.0	1.25	1.6	2.0	2.5	3.15	4.0	5.0	6.3	8.0	4.5	9.0
例如:"2H"5.0×10² =500V											

电解电容器的耐压有时也采用颜色表示,例如:6.3V 用棕色,10V 用红色,16V 用灰色,色点表在正极上。

（4）电容器材料的识别。电容器材料的识别是在型号的第 2 项,通常有字母表示。例如,型号为 CL-111-47μFK/63V,其容量是 0.047μF,耐压 63V,误差是 ±10% 的 111 型涤纶电容。

（5）电解电容器的识别。有极性电容器是电解电容器,电解电容器的外壳颜色常见的是蓝色,此外还有黑色等,其外形通常是圆柱型。它的两根引脚有正、负极之分。长脚为正极,短脚为负极(新的电解电容器引脚有长短之分);还在外壳上用" - "符号标出负极性引脚的位置。电解电容器的容量一般均较大,在 1μF 以上(进口电解电容器的容量小于 1μF)而且采用直标法标注。

（6）电容器的检测。在使用电容器时，通常用万用表对电容器的容量、漏电和极性进行估测。

① 使用万用表检测有极性电解电容方法，如图 3 – 2 – 32 所示。

左图在表针接触电容器引脚时，表针迅速向右偏转一个角度，电容器容量越大，所偏转的角度越大，若表针没有向右偏转，说明电容开路。表针达到最右端之后，开始缓慢向左偏转，表针直到偏转至无穷大处，说明电容器质量良好。如果表针向左偏转不能回到阻值无穷大处，说明电容器存在漏电故障，所指示阻值越小，说明电容器漏电越严重。测量无极性电解电容时，测量方法与测量有极性电解电容的方法一样，只是不用分红黑表笔罢了。

② 使用万用表检测小容量电容器方法，如图 3 – 2 – 33 所示。

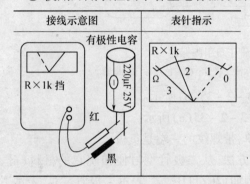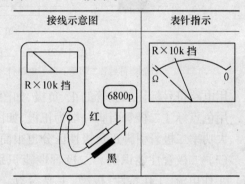

图 3 – 2 – 32　万用表检测极性电容　　图 3 – 2 – 33　万用表检测 1μF 以下小容量电容器

由于电容容量小，测量时表针向右偏转角度不大，如果第一次测量没有看清楚，则可将电容器两引脚短接放电后再次测量。

由于电容容量小，且漏电电阻非常小，所以测量时，选择 R × 10k 挡，这样测量结果更准确。

如果测量中表针指示的电阻值（漏电阻）不是无穷大，说明该电容存在漏电。

测量容量小于 6800pF 电容器，测量时指针不偏转，这时测量只能说明电容器不存在漏电故障，而不能说明电容器是否开路。如果测量有电阻，说明该电容器存在漏电故障。

③ 电解电容器正、负极性的估测方法。在用万用表对电容器进行漏电性能估测中，如果两次的测量结果中一次阻值大，一次阻值小，则阻值大的一次测量中，与黑表笔相接的是正极（大黑），而与红表笔相接的是负极（小红）。

电容器测量中注意事项：在测量电容器的容量时，电容器的容量小，则挡位设置反而要大，否则会造成指针偏转太小而看不清楚，从而造成测量误差。

在判断测量电容器的正负极时，如果表针的指示值差异很小，则可增大一挡测量量程。

严禁测量过程中改变测量量程，以防万用表被损坏。

（四）二极管的识别与检测

（1）二极管的外形、种类识别。二极管外形特征与电阻器相似，共有两根引脚

（＋、－），且两根引脚沿轴向伸出，有的二极管外壳上应有其电路符号。二极管种类很多，常见的有普通二极管、稳压二极管、发光二极管、光电二极管、激光二极管等，如图 3 - 2 - 34 所示。

图 3 - 2 - 34　二极管的外形

（2）二极管正、负引脚识别。常用塑料封装的二极管，用一条灰色的色带表示出二极管的负极，如图 3 - 2 - 35（a）所示。

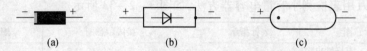

图 3 - 2 - 35　二极管正负引脚标记

（a）塑料封装二极管；（b）电路符号标注二极管；（c）色点标注二极管。

用电路符号标注二极管的正、负极，如图 3 - 2 - 35（b）所示。

用色点标注二极管引脚一端为正极，如图 3 - 2 - 35（c）所示。

大功率二极管引脚正负极性区分也很简单，带螺纹的一端是负极。

（3）二极管性能识别。二极管性能识别方法，从二极管型号便知晓它的材料（硅、锗）、工作电流、工作特性、极型、主要参数。例如，2CZ11D，"2"表示二极管，"C"表示 N 型硅，"Z"表示整流管，"11"序号，"D"表示规格号，通过查《晶体二极管器件手册》找到该二极管的最大整流电流为 1000mA，最高反向工作电压为 300V，反向饱和电流小于等于 0.6μA，等参数。

（4）二极管的检测。利用万用表既可以判断二极管的正负极性、极型和材料，又可以判断是低压二极管还是高压二极管，同时还可以知道其质量的好坏。

用红、黑表笔分别接二极管的两根引脚，万用表偏转指出读数，然后调换红黑表笔再次测量，又指出一个读数。在两次测量中，有一个读数在 10kΩ 左右，则测量的是一只硅材料二极管的正向电阻值，此次与黑表笔相连的是二极管的正极，与红表笔相连的是二极管负极，如图 3 - 2 - 36（a）所示；而另一个测量阻值读数应为"∞"（无穷大）或接近无穷大，该阻值为二极管的反向电阻值，与黑表笔相连的是二极管负极，与红表笔相连的是二极管正极，如图 3 - 2 - 36（b）所示。

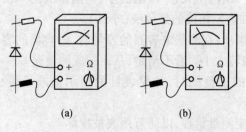

图 3 - 2 - 36　低压二极管检测

如果两次测量中有一个读数在 1kΩ 左右,则测量的是一只锗材料二极管的正向电阻值,与黑表笔相连的是二极管正极,与红表笔相连的是二极管负极,如图 3-2-36(a) 所示。而另一个测量阻值读数应大于 500kΩ,则该阻值是其反向阻值,与黑表笔相连的是二极管负极,与红表笔相连的是二极管正极,如图 3-2-36(b) 所示,即正向电阻小、反向电阻大。

如果两次测量的电阻值相接近,则说明该二极管质量差;若两次测量电阻值均很小或接近与零,则说明被测二极管内部已击穿;如果正反方向测的阻值均很大或表针不动,则说明被测二极管内部已开路。以上情况下二极管都不能用。

在测量 15kV、20kV 的高压整流二极管时,接线方法如图 3-2-37 所示。当二极管正向接入时指针指向 10kΩ 附近,A 端接的为二极管正极,如图 3-2-37(a) 所示。

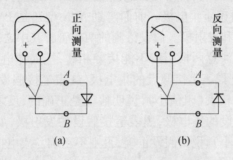

图 3-2-37　高压二极管测量示意图

当二极管反向接入时,由于高压二极管的反向电阻非常大,虽然接入 A、B 端,但仍然相当于开路,表针不偏转,二极管反向测量时,A 端接的是高压二极管负极,如图 3-2-37(b) 所示。

(5)稳压二极管与整流二极管的判别。将万用表转换开关拨到 R×10k 挡,它们的正向电阻值基本相同(材料相同),则它们反向电阻值差别大,整流二极管反向电阻值为"∞"或接近"∞",表针基本不动或微动;稳压二极管的反向电阻值较小,只有几十千欧。

(五)三极管的识别与检测

(1)三极管外形、种类识别。三极管外形和种类很多,目前用得最多的是塑料封装和金属封装三极管,一般三极管只有 3 根引脚,这 3 根引脚可以按等腰三角形分布,也可以一字型排列,各个引脚的分布规律在不同封装类型的三极管中不同。一些金属封装功率放大管只有两根引脚,它的外壳作为第 3 根引脚(集电极),也有金属封装高频放大管是 4 根引脚,第 4 根引脚接外壳,如图 3-2-38 所示。

图 3-2-38　晶体三极管的外形

（2）三极管极性识别。利用万用表的欧姆挡可以分辨三极管是属 NPN 型还是 PNP 型。具体方法是：将万用表置于 R×100（或 R×1k 挡），用黑表笔接三极管一根引脚，红表笔分别接另两根引脚，如图 3－2－39 所示是万用表接线示意图。测得一组（两个）电阻值；黑表笔依次换接三极管其余两根引脚，重复上述操作，又测得两组电阻值。将测得的三组电阻值进行比较，当某一组中的两个阻值基板相等时，说明黑表笔所接的引脚为该三极管基极；如果该组两个阻值为三组中的最小值，则说明被测管是 NPN 型三极管；如果该组的两个阻值为最大值，则说明被测管是 PNP 型三极管。还可以直观识别，根据管子的外形能粗略判断管型。小功率金属壳三极管，NPN 型管壳高度比 PNP 型低得多，对塑封小功率三极管来说，也多为 NPN 型。

（3）三极管管脚名称的判别。辨别三极管各引脚方法是将万用表置于 R×100（或 R×1k 挡），先确定基极，再确定集电极。前面辨别 NPN 型还是 PNP 型三极管时已经确定了基极，现在判断集电极和发射极。假设待测的两根管脚其中之一为集电极，用手把基极与假设的集电极一起捏（注意两根引脚不能接触相碰，把人体电阻并接在基极和集电极之间），如果是 NPN 管，把黑表笔接假设的集电极，红表笔接假设的发射极，如图 3－2－40（a）所示。若表针摆动较大（阻值小），说明假设是正确的，反之是错误的；如果是 PNP 型三极管，把红表笔接假设的集电极，黑表笔接假设的发射极，如图 3－2－40（b）所示。如果指针摆动较大（阻值小），说明假设正确，否则不正确。集电极判断后，剩下一个待测的引脚就是发射极。

 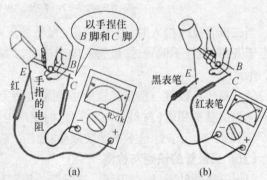

图 3－2－39　三极管型号判别　　　　图 3－2－40　三极管管脚判别
　　　　　　　　　　　　　　　　　　　（a）NPN 型；（b）PNP 型。

（4）三极管穿透电流的估计测量。将万用表置于 R×1kΩ 挡，如果是 NPN 型管，则把黑表笔接集电极，红表笔接发射极，若表针摆动较大，说明穿透电流（I_{CEO}）大，反之小；如果是 PNP 型管，把红表笔接集电极，把黑表笔接发射极，如图 3－2－41（a）所示。穿透电流大，其耗散功率会增大，热稳定性差，噪声加大等，所以应选用 I_{CEO} 小的三极管。

（5）β 值的估测。先按估测 I_{CEO} 的方法测试，记下万用表表针的位置，然后在集电极与基极之间连接一只 100kΩ 的电阻（也可以用人体电阻代替），如图 3－2－41（b）所示。按判断集电极的方法进行测试，接入 100kΩ 电阻后，若表针摆幅较大，说明这只管子的 β 值较大；表针变化不大，β 值较小，说明这只管子的放大能力很差。

（6）常用三极管的 β 值色点识别。三极管外壳上常标有不同颜色的色点，以表明管子的 放大倍数（β）范围，其分挡见表 3－2－4。

100

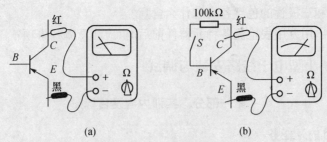

图 3 - 2 - 41　估测三极管参数

(a) 测量 I_{CEO}；(b) 测量 β。

表 3 - 2 - 4　三极管的 β 值色点分挡

色点	棕	红	橙	黄	绿	蓝	紫	灰	白	黑
β	<15	15-25	25-40	40-55	55-80	80-120	120-180	180-270	270-400	>400

（7）三极管质量检测：将万用表置于 R×100 或 R×1k 挡，测量三极管集电结、发射结以及集电极与发射极之间的正反向电阻值的大小，来初步判断三极管的质量好坏。

① 对于 NPN 型三极管而言：

（a）黑表笔接基极，红表笔接发射极，测得的正向电阻值应为几千欧；如果阻值很大，说明三极管性能不好。

（b）红表笔接基极，红表笔接发射极，测得的反向电阻值应该不小于几百千欧；如果阻值小，说明三极管性能差。正反向电阻应该相差越大越好。

（c）黑表笔接基极，红表笔接集电极，测得的正向电阻应该有几千欧；如果正向阻值很大，说明三极管性能不好。

（d）红表笔接基极，黑表笔接集电极，测得的集电结反向电阻应该不小于及百千欧；如果阻值很小，说明三极管性能变劣正反向电阻应该相差很大。

（e）黑表笔接发射极，红表笔接集电极，测得的反向电阻越大越好，如果是无穷大，说明三极管已开路；如果反向电阻值小，说明三极管性能不好。

② 对于 PNP 三极管而言：

（a）黑表笔接基极，红表笔接集电极，测得的正向电阻应该大于几十千欧；如果阻值太小，说明三极管穿透电流大。

（b）红表笔接基极，黑表笔接集电极，反向电阻应该在上百千欧；如果反向电阻小，说明三极管性能差。

在检测中还应该注意：如果测得的阻值为零或非常小，说明该三极管存在击穿故障；如果测得的阻值为无穷大，说明该三极管存在断路故障；如果测量时表针在不停地摆动，用手握距三极管外壳时，表针所指的阻值在减小，且减小的值越多，说明该三极管的温度稳定性越差。

（六）思考题与练习

（1）怎样识别电阻器、电感器、电容器、二极管、三极管，它们外形有何特征？

（2）怎样用万用表测量电阻器、电感器、电容器、二极管、三极管质量的好坏？

（3）怎样用色标法识别电阻器、电感器、电容器的大小？

（4）二极管和三极管的色点各表示什么含意？

（5）分别说出用万用表检测各种元器件前后时，应注意哪些事项？

【实训3】 小型电子线路安装与调试

第一部分　实训内容及目标

（一）实训目的及任务

（1）初步掌握焊接技能，了解电子整机产品的装配过程。

（2）学习万用表的使用方法，掌握常用电子元器件的识别及质量检验。

（3）学习掌握常见小型电子线路的基本工作原理。

（4）运用所学的基本技能和知识，装配常见小型电子线路。

（5）了解常见小型电子电路的故障特点，常用维修方法和技巧。

（6）完成实训报告。

（二）实训基本要求

（1）严格遵守操作规程，安全用电。

（2）应会检测元器件，并能判别其质量好坏。

（3）独立完成各测试点的测量与整机安装工作。

（4）应会排除在调试与装配过程中出现的一般性故障。

（三）实训报告

要求针对每天所学的电路原理、指标测试数据、故障检修记录等，写好实习日记。实训结束时，根据实习日记写出实训报告，实训报告要有标题、实训目的、实训任务、实训过程；基础理论说明；故障检修记录和分析以及实习体会和总结。

（四）实训考核标准

（1）实训纪律与学习态度　　　　　10分。

（2）焊接技能与质量　　　　　　　20分。

（3）安装与调试技能　　　　　　　40分。

（4）安全文明生产　　　　　　　　10分。

（5）团队合作表现　　　　　　　　10分。

（6）实训报告　　　　　　　　　　10分。

第二部分　实训理论知识及技能要求

（一）家用调光台灯电路的安装与调试

家用台灯在人们日常生活中已是再熟悉不过的了，还有些台灯的亮度是可以调节的，更加贴近人们的生活，然而如何才能实现对台灯的亮度进行控制呢？下面将要介绍一款调光台灯控制器，其原理简单，而且也非常实用，装在普通的台灯上就变成了调光台灯了。

1. 家用调光台灯电路工作原理

家用调光台灯电路组成如图 3-2-42 所示。

当接通开关时，市电经白炽灯、桥式全波整流后加在单向晶闸管上，同时又经 R_1 和 W_1 向电容 C_1 充电。当 C_1 上的电压充到一定值后，单结晶体管 BT_{33} 被击穿，电容 C_1 经

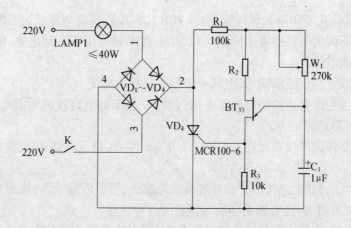

图 3-2-42　家用调光台灯电路原理图

BT_{33}、R_3 放电,这个放电电流在 R_3 上形成一个触发电压,使单向晶闸管导通,从而为白炽灯提供发光电流。那么如何实现调光呢? 这就要从单向晶闸管的导通角上来分析,市电经全波整流后给 C_1 充电的是一个脉动直流电压,电容上的电压在相位上要滞后于电流,而这个滞后的时间取决于 RC 时间常数,C_1 上的电压低于 BT_{33} 的击穿电压时,R_3 上并无电流流过,晶闸管的触发脚没有触压电压,电容电压从零充到使单结晶体管击穿所需的时间长短与 RC 时间常数有关,当调节 W_1 时,等效的时间常数被改变,当 W_1 阻值变小时,C_1 上的电压很快就使 BT_{33} 击穿了,相反,当 W_1 阻值变大时,C_1 充到使 BT_{33} 击穿的时间就延长,这样就可以控制在 R_3 上出现尖脉冲时间的早晚,也就控制了单向晶闸管的导通角,从而实现对台灯的调光控制。

2. 元器件选择

参见清单表 3-2-5。

表 3-2-5　元器件清单

序 号	名 称	位 号	型号规格	备 注
1	整流二极管	$VD_1 \sim VD_4$	IN4004	
2	晶闸管	BT_1	MCR100-6	
3	单结晶体管	VT_{33}		
4	电解电容器	C_1	1uF/50V	
5	可调电位器	W_1	270kΩ 或 470kΩ	带开关
6	电阻器	R_1	100kΩ	
7	电阻器	R_2	510	
8	电阻器	R_3	10kΩ	

3. 家用调光台灯电路的制作

(1)电路板(PCB)制作。本训练根据家用调光台灯电路原理图,先绘出印制电路板图,再自制印制电路板(PCB),印制电路板是在基板表面上按计划的设计方案印制的电路,包括印制线路和印制元器件。印制线路通常是在一块敷铜板上采用蚀刻技术形成供元器件进行电气连接的导电图形,它是印制电路板上的导电材料所构成的图形结构,包括

导线、焊盘、金属化孔及印制元器件等,绘制 PCB 印制电路板时应遵循如下规则:

① 焊点在不同的电路中有不同的形状,其中岛形焊点用于高频电路,圆形和方形用于 30MHz 以下的电路。

② 焊盘可以是圆形或椭圆形,但同一印制电路板中要统一。

③ 印制导线和焊盘连接的时候要平滑过渡,一般印制电路板的外围绘制公共地线,因此导线的宽度可适当加大。

④ 分立元器件的导线宽度在 1.5mm～3.0 mm 左右,集成电路的连接线宽度在 1mm 以下。

⑤ 在画导线的时候,先按预定的宽度画双轮廓线,再将内部涂黑,特别要注意导线与焊盘连接处的光滑过渡,这会影响印制电路板的各种性能。

⑥ 元器件引线孔和元器件引线直径应配合(即引线孔应大于引线直径)。

(2) 按元器件清单表配置元器件,并用万用表全面检测元器件,然后进行整形、安装、焊接。

(3) 本制作在调试时要注意白炽灯应选其功率小于 40W,并且电位器选带有开关功能的,这样既可作白炽灯亮度调节用,又可作电源开关用。电路引出线接上交流电器常用的二极电源插头,直接插在交流电源插板中即可调试,由于电路板直接与市电相连,因此在调试时要特别注意安全。

调试时,将 W_1 调到阻值为零的位置,用万用表测白炽灯两端交流电压时应在 200V 以上,如低于 200V 可略减小 R_1 的阻值,从而使之达到要求。由于这个制作线路板上直接引入了市电,所以调试时要非常小心。全部完成后将线路板装在台灯内部合适的位置上,然后在台灯外壳上打个孔,装上可调电位器,通过引线将该电位器相应的脚与线路板连接好,这样调光台灯就完成了。

(二)敲击式语音门铃

1. 工作原理

敲击式语音门铃的电路如图 3－2－43 所示,它由房门振动传感、延时触发、语音发生、音频功率放大和电源等五部分电路组成。

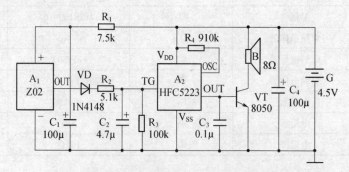

图 3－2－43　敲击式语音门铃电路原理图

平时,微型片状振动模块 A_1 检拾不到门板振动波,故其 OUT 端输出低电平,语音集成电路 A_2 因触发端 TG 处于低电平而不工作,功率放大三极管 VT 截止,扬声器 B 不发声。当有人敲门时,门板产生的振动波被 A_1 拾取,经 A_1 内部电路一系列放大、滤波、整形和电平转换后,从其 OUT 端输出相应的高电平脉冲。此高电平脉冲通过二极管 VD 隔离和电阻器 R_2 限流后,对 C_2 进行充电。在不到 2s 的时间内,如果 A_1 连续拾取三次敲门振动波,则 C_2 两端的充电电压就会累计达到电源的 1/2,于是 A_2 的 TG 端获得高电平触发信号,A_2 内部电路受触发而工作,其 OUT 端输出内储的"叮咚,您好!请开门!"的语音电信号,经 VT 功率放大后,推动扬声器 B 发出清晰响亮的语音声来。敲门一旦停止,C_2 两端的充电电荷便会通过 R_3 很快泄放掉,从而为再次正常工作做好准备。

本门铃电路设计的最大特点是:来客在 2s 内连续敲三下门,即 A_1 连续受触发输出三个高电平脉冲,才会使 C_2 充电电压高出 A_2 触发端 TG 的阈值电压(约为电源电压的 1/2)以上,门铃才会发声。这样可有效避免因开关房门、物体落地等造成的振动波对门铃的误触发,从而保证门铃稳定、可靠地工作。

电路中,R_1、C_1 构成 A_1 的简易降压滤波电路,从而使 A_1 能够稳定、可靠地工作。C_2 为门铃延时触发电容器,R_2、R_3 分别为 C_2 的充电和放电电阻器,C_2、R_2 和 R_3 数值大小决定了每次触发门铃所必须连续敲击门板的次数,R_4 为 A_2 外接时钟振荡电阻器,其阻值大小影响语音声的速度和音调,C_3 主要用于滤去一些不悦耳的谐波成分,从而使语音声音质得到显著改善,即声音更加响亮。

2. 敲击式语音门铃元器件选择

A_1 选用 Z02 型高灵敏度片状振动模块,其外形及引线排列如图 3 - 2 - 44 所示。

模块的黄铜底板能直接检测极其微弱的振动信号,并经内部芯片电路转换成高电平脉冲从 OUT 端输出。模块输出的高电平脉冲可作为其他器件的控制信号,也可直接驱动小功率三极管或晶闸管。Z02 模块的突出特点是:具有很高的灵敏度,能够检测出极其微弱的振动波;具有较好的抗干扰特性,即对外界声响无反应;而其对同一物体上的振动却极敏感,具有极强的抗冲击强度,能承受同类传感器所不能承受的剧烈振动;具有极好的防水性能,能适应湿度较大的工作环境;安装简便,不受任何角度限制;体积小,质量轻;采用树脂将专用芯片封装在黄铜基板上,性能稳定;低功耗、低电压,适合处于长期工作状态,可应用于各种振动报警器和自动控制器电路中。Z02 模块的主要参数有:电压工作范围 2.6V ~ 6V,典型工作电压 3V,极限电压值

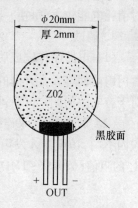

图 3 - 2 - 44　高灵敏度片状振动模块

12V。在 3V 工作电压时,静态工作电流小于等于 50μA,输出电流大于等于 0.5mA,输出方式为瞬态高电平,输出幅度接近模块正极端电压。

A_2 选用 HFC5223 型语音门铃专用集成电路,其主要参数有:电压工作范围 2.4V ~ 5V,输出电流大于等于 1mA,静态总电流小于 1μA,VT 用 8050 型 NPN 中功率硅三极管,要求电流放大系数 $\beta > 100$。VD 用 IN4148 型硅开关二极管,B 用 ϕ57mm、8Ω、0.5W 小口径动圈式扬声器,其他元器件参数见电路原理图。

3. 敲击式语音门铃的制作

(1)根据制作需要量取敷铜板基本尺寸 40mm × 35mm,自制印制电路板。

本门铃印制电路板接线如图 3 - 2 - 45 所示,印制电路板实际尺寸选为 40mm × 35mm,可用刀刻法制作或化学腐蚀法制作。安装时,A_2 芯片通过 4 根 7mm 长的元器件

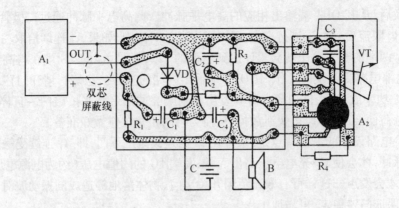

图 3 – 2 – 45　敲击式语音门铃印制电路板接线图

剪脚线插焊在电路板上,焊接时,电烙铁外壳一定要良好接地,以免交流感应电压击穿 A_2 内部的 CMOS 电路。除 A_1 外,焊接好的电路板连同扬声器 B、电池 G(带塑料架)一起装入尺寸适当的绝缘材料小盒内,盒面板为 B 开出释音孔,盒侧面通过适当长度的双芯屏蔽线引出振动模块 A_1。

（2）筛选元器件并检测、安装和焊接。

本门铃只要元器件质量良好、安装和焊接无误,一般不用调试就能正常工作。门铃平时消耗电能较小,每换一次新的干电池,一般可连续使用半年多时间。

4. 调试

（1）电路制作完成后,将 A_1 模块的铜质面通过 502 胶或乳胶黏贴在大门扇背面正对着门扇前面客人常开门的位置(一般离地面 1.4m 左右)。门铃盒则固定在室内墙壁上,对于有宅院的用户,门铃可挂在房内,A_1 则通过一定长度的双芯屏蔽线引至大门口固定。

（2）调试时,如果连续敲两下门,扬声器就发声,则可适当增大 R_2 的阻值;反之,如果敲四下门,扬声器才发声,则可适当减小 R_2 的阻值。如果语音声不够逼真,可适当改变 R_4 的阻值($620k\Omega \sim 1M\Omega$)加以调整。

3.3　EDA 仿真技术

【实训】　Multisim2001 仿真

第一部分　实训内容及目标

（一）实训目的及任务

（1）学习运行 Multisim2001 仿真软件。

（2）能应用 Multisim2001 仿真进行电路设计。

（3）掌握在 Multisim2001 仿真设计中加入测量仪器进行测量。

（4）掌握放大器的静态和动态仿真技术。

（5）掌握仿真结果的保存方法。

（6）完成实训报告。

（二）实训基本要求

（1）会安装和运行 Multisim2001 仿真软件。

（2）应用 Multisim2001 仿真进行电路设计。

（3）应用测量仪器进行测量。

（4）独立完成应用 Multisim2001 仿真软件进行电路设计。

（5）将设计好的认真结果进行保存。

（三）实训器材

计算机	1 台
Multisim2001 仿真软件安装盘	1 个
U 盘	1 块

（四）实训报告

要求针对每天所学的 Multisim2001 仿真软件的安装、Multisim2001 仿真软件的运行、应用 Multisim2001 仿真软件设计电路、应用测量仪器进行测量、仿真结果的保存方法等内容,写好实习日记。实训结束后根据实习日记写出实训报告,实训报告要有标题、实训目的、实训任务、实训过程;基础理论说明;故障检修记录和分析以及实习体会和总结。

（五）实训考核标准

（1）实训纪律与学习态度	10 分。
（2）Multisim2001 仿真软件的安装	10 分。
（3）Multisim2001 仿真软件的运行	10 分。
（4）应用 Multisim2001 仿真软件设计电路	20 分。
（5）应用测量仪器进行测量	20 分。
（6）仿真结果的保存方法	10 分。
（7）团队合作表现	10 分。
（8）实训报告	10 分。

第二部分　实训理论知识及技能要求

一、Multisim2001 仿真软件的简介

在当今电子设计领域,EDA 设计和仿真是一个十分重要的设计环节。在众多的 EDA 设计和仿真软件中,Multisim2001 以其强大的仿真设计应用功能,在各类专业电子电路的仿真和设计中得到了较广泛的应用。Multisim2001 及其相关库包的应用对提高学生的仿真设计能力,更新设计理念有较大的好处。

（一）Multisim2001 的应用简介

Multisim2001 的前身 EWB（电子实验平台）软件,最突出的特点是用户界面友好,各类器件和集成芯片丰富。Multisim 2001 提供有 16000 多个高品质的模拟、数字元器件和 RF 组件模型,除此之外,用户还可以自行编辑和设计相应的元器件,尤其是其直观的虚拟仪表是 Multisim2001 的一大特色。Multisim 所包含的虚拟仪表有:示波器,万用表,函数发生器,波特图图示仪,失真度分析仪,频谱分析仪,逻辑分析仪,网络分析仪等,而通常一个普通实验室是无法完全提供这些设备的。这些仪器的使用使仿真分析的操作更符合平

时实验的习惯。

Multisim2001 是一个功能强大的 EDA 系统,提供了一个非常大的元器件数据库,并且可以在线更新,同时拥有 VHDL 和 Verilog 设计接口与仿真功能、FPGA 和 CPLD 综合、RF 设计能力和处理功能,还可以导出制作 PCB 版的设计数据,实现与 PCB 制作软件的无缝数据传输。

(二) Multisim2001 软件的功能特点

1. 集成环境,简洁易用

在 Multisim2001 中,只有一个程序界面,但在该界面中,集成了从电路创建、修改到仿真及数据后处理的 EDA 设计的主要流程,不仅有利于对该软件的学习,也大大方便了设计人员的操作,从而极大地提高了工作效率。

2. 虚拟实验仪器丰富

作为一个功能强大、仪器齐全的虚拟电子实验平台,Multisim2001 为设计人员不仅提供了常用的仪器,如万用表、示波器等,还提供了许多单位无条件具备的网络分析仪、频谱分析仪等仪器。这些虚拟仪器,功能与现实仪器相同,而且其操作面板也与现实仪器神似,这些虚拟仪器的使用,不仅方便了设计人员的设计工作,而且也大大提升了该软件的功能。

3. 分析功能多样

Multisim2001 为设计人员提供了多种仿真分析方法,有直流工作点分析、瞬态分析、傅里叶分析、噪声和失真分析等 19 种之多。这些分析功能基本满足了电子电路的分析设计要求,尤其是其极具特色的 RF 电路分析功能,是一般 EDA 软件所不具备的。

4. 输入输出接口具有广泛的兼容性

Multisim2001 可以打开具有 Spice 内核的其他 EDA 软件生成的网表文件,可以打开 EWB4.0、EWB5.0 环境下生成的电路文件,也可以把 Multisim2001 环境下创建的电路原理图文件导出为 .NET 或 .PLC 文件,供 Protel 、Ultiboard 等 PCB 软件进行印制电路板设计,或者将当前电路文件导出为网表文件,供其他 EDA 软件共享设计成果。更具特色的是,Multisim2001 可以将仿真分析结果导出为 Excel 文件(如结果波形各点的坐标数据),从而方便了设计人员对结果数据的分析。

5. 可自定义设计环境

Multisim2001 提供了极具人性化的设计工具,允许设计人员自定义设计环境,利用 Options|Preferences…菜单项,可以根据设计需要,灵活设定元器件采用的符号标准、电路图的显示属性、工作区的显示属性及其大小、说明文字的格式、导线线型等设计要素。

除了上述的特点外,Multisim2001 还支持 VHDL 和 Verilog 语言的电路仿真与设计。

二、Multisim2001 仿真软件的安装

(一) 单用户的安装

为了能够成功安装,不同的版本需要的硬盘空间不同,如个人版的 Multisim2001 需要 100MB 空间。Multisim2001 仿真软件的安装步骤如下:

(1) 如果您的 Multisim 版本提供了硬件锁,请将它插在计算面并口上(一般是 LPT1 口)。如果没有收到硬件锁,则无需进行此步。

(2) 开始安装前,请退出所有的 Windows 应用程序。

(3) 将光盘放入光驱,出现 Welcome 后单击"Next"继续。

（4）阅读授权协议，单击"Yes"接受协议。如果不接受协议请单击"No"，安装程序将终止。

（5）阅读出现的系统升级对话框，系统窗口文件需要此时升级。单击"Next"系统窗口文件进行升级。

（6）程序再次提醒关闭所有的 Windows 应用程序，且单击"Next"重新启动计算机。计算机重新启动后将会使用升级的窗口文件。

注意：此时请不要取出光盘，一旦计算机重新启动，Multisim2001 会自动继续安装进程，且将再次看到 Welcome 和 License，这时只需分别单击"Next"和"Yes"就可以继续安装。

（7）输入您的姓名、公司名称与 Multisim 一同提供给您的 20 位的系列码，系列码在 Multisim 包装的背面，单击"Next"继续。

（8）如果您购买了附加模块，会收到 12 位的功能码，现在就输入第一个功能码。如果没有收到功能码，略去本步，单击"Next"继续进行。若输入了功能码并单击了"Next"，将出现一个新的输入框，继续输入其他的功能码即可。将所有的功能码输入完后，保持最后的输入框空白，单击"Next"继续。

注意：功能码与系列码不同，只有购买了附加模块才能收到功能码。

（9）选择 Multisim 的安装位置。选择缺省位置或单击"Browse"选择另一位置，或输入文件夹名，单击"Next"继续。

（10）安装程序将依您所输入的名称建立程序文件夹，且单击"Next"继续进行。Multisim 将完成安装，单击"Cancel"可以终止安装。Multisim 安装完毕后，可以选择是否安装 Adobe Acrobat Reader Version 4。阅读电子版手册时需要此软件，单击"Next"，并根据指导进行安装。如果已经安装了此软件，单击"Cancel"。

（二）安装功能码

如果早先已经安装了 Multisim，后来又购买了可选的附加模块并行到了功能码，则需要重新运行初始安装程序，这样将使您有机会输入功能码，程序将相应的功能打开。安装功能码时，无需卸载已经安装的 Multisim。

安装功能码（假定已经安装了 Multisim）：

（1）如上所述，重新运行安装程序。

（2）按照提示输入功能码，单击"Next"再次出现提示输入功能码的输入框。

（3）输入您所购买的另一功能码，然后单击"Next"。

（4）继续输入功能码，并单击"Next"，直至输入所有的功能码。

（5）输入完所有的功能码后，保持最后的输入框为空，单击"Next"。

（三）运行 Multisim2001 仿真软件

运行方法：

（1）用鼠标左键双击桌面上的 Multisim 2001。

（2）单击"开始"→"程序"→"Multisim 2001"。

三、Multisim2001 仿真软件的界面

（一）基本元素

如图 3 - 3 - 1 所示，Multisim 2001 用户界面包括如图所示的基本元素。

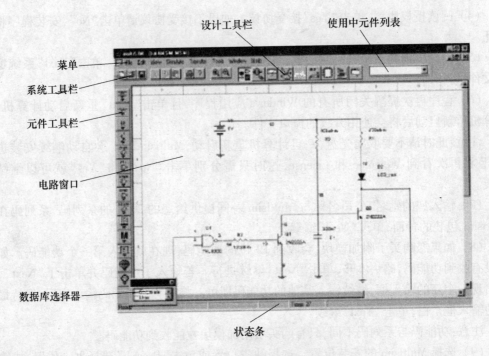

设计工具栏　　　　　　　使用中元件列表

菜单

系统工具栏

元件工具栏

电路窗口

数据库选择器

状态条

图 3 - 3 - 1　Multisim 2001 用户界面

与所有的 Windows 应用程序类似,可在菜单(Menus)中找到所有的功能命令。

(1) 系统工具栏(System Toolbar)包含常用的基本功能按钮。

(2) 设计工具栏(Multisim Design Bar)是 Multisim 的一个完整部分。

(3) 使用中,元器件列表(In Use)列出了当前电路所使用的全部元器件。

(4) 元器件工具栏(Component Toolbar)包含元器件箱按钮(Parts Bin),单击它可以打开元器件族工具栏(此工具栏中包每一元器件族中所含的元器件按钮,以元器件符号区分)。

(5) 数据库选择器(Database Selector)允许确定哪一层次的数据库,以元器件工具栏的形式显示。

(6) 状态条(Status Line)显示有关当前操作以及鼠标所指条目的有用信息。

(二) 设计工具栏

设计是 Multisim 的核心部分,能容易地运行程序所提供的各种复杂功能。设计工具栏指导我们进行电路的建立、仿真、分析并最终输出设计数据,见表 3 - 3 - 1。

表 3 - 3 - 1　各种设计工具按钮建立仿真电路的基本用法

	元器件设计按钮(Component)缺省显示,因为进行电路设计的第一个逻辑步骤是往电路窗口中放置元器件
	元器件编辑器按钮(Component Editor)用以调整或增加元器件
	仪表按钮(Instruments)用以给电路添加仪表或观察仿真结果

110

![按钮图标]	仿真按钮(Simulate)用以开始、暂停或结束电路仿真
![按钮图标]	分析按钮(Analysis)用以选择要进行的分析
![按钮图标]	后分析器按钮(Postprocessor)用以进行对仿真结果的进一步操作
![按钮图标]	VHDL/Verilog 按钮用以使用 VHDL 模型进行设计(不是所有的版本都具备)
![按钮图标]	报告按钮(Reports)用以打印有关电路的报告(材料清单,元器件列表和元器件细节)
![按钮图标]	传输按钮(Transfer)用以与其他程序通信,例如与 Ultiboard 通信,也可以将仿真结果输出到像 Math-CAD 和 Excel 这样的应用程序

四、仿真设计电路

（一）运行仿真软件

用鼠标左键双击桌面上的 Multisim 2001,或者单击"开始"→"程序"→"Multisim 2001"。

（二）输入电路原理图

（1）建立电路图文件。用鼠标左键单击图符工具栏中的"新建电路图文件"图符,或者单击菜单工具栏中的"file"→"New",建立新的电路图文件。

（2）建立电路。将电路原理图中的元器件如电阻、电容、晶体管、二极管、直流电源、交流信号源等从左边的图符工具栏中分别拖到画面中的相应位置,同时选择相应的型号和输入相应的参数。

例如:NPN 晶体管 $\beta = 400$, rbb$'$ $= 10\text{k}\Omega$。

① 用鼠标左键单击第四个图符晶体管,弹出晶体管图符列表,从表中选择,并用鼠标左键单击绿色背景的 NPN 晶体管(为理想 NPN 晶体管),则出现一个随鼠标移动的 NPN 晶体管,在合适的位置再单击鼠标左键,则 NPN 晶体管被放置在画面中,如图 3 − 3 − 2 和图 3 − 3 − 3 所示。

② 用鼠标左键双击 NPN 晶体管,在弹出的对话框中选择,并用鼠标左键单击"Edit Model"功能钮,在随后弹出的参数列表中将 BF(即 β)改为 400,RB(即 rbb$'$)改为 10,单击"Change Part Model"保存;另外在弹出的对话框中选择"Label"可修改元器件标号(Reference ID),单击"确定"保存,如图 3 − 3 − 4 和图 3 − 3 − 5 所示。

③ 用鼠标左键单击元器件晶体管可以激活该元器件,在该状况下可以编辑元器件,即删除、移动、复制等,如图 3 − 3 − 6 所示。

（3）元器件连线。用鼠标左键分别单击待连线的两个管脚,即可实现元器件之间的连线。另外在连线过程中当需要节点时,系统将自动形成节点,如图 3 − 3 − 7 所示。

（4）加入测量仪器。从右边的图符工具栏中将仪器(如示波器)分别拖到画面中的相应位置,并将电路的待测量端分别连接到仪器相应的端口上,如图 3 − 3 − 8 所示。

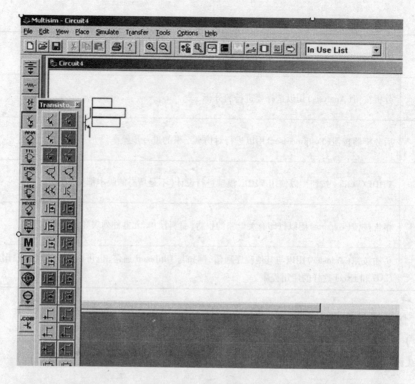

图 3 - 3 - 2　晶体管的选择

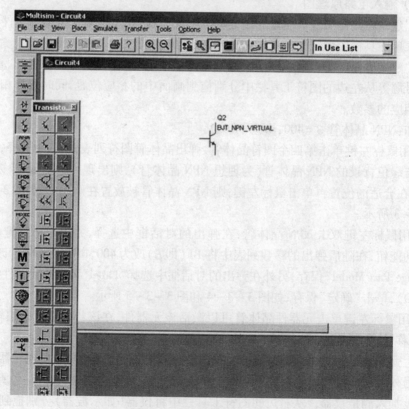

图 3 - 3 - 3　晶体管的放置

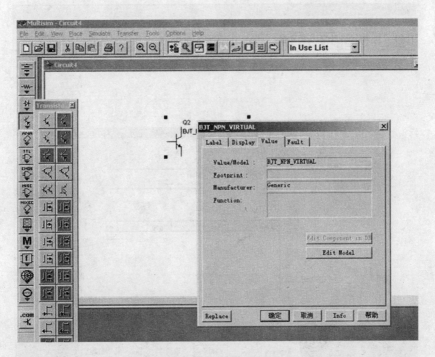

图 3 - 3 - 4　晶体管属性

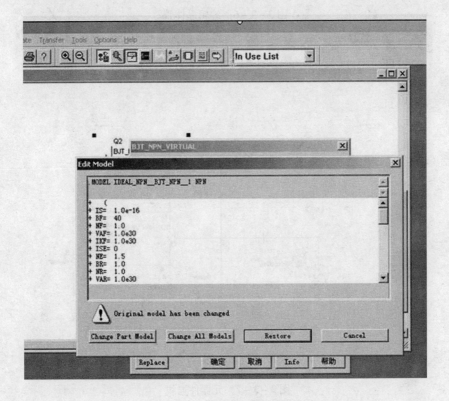

图 3 - 3 - 5　修改晶体管标号

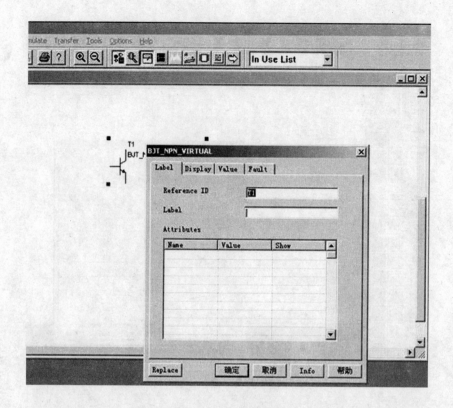

图 3 - 3 - 6　编辑晶体管

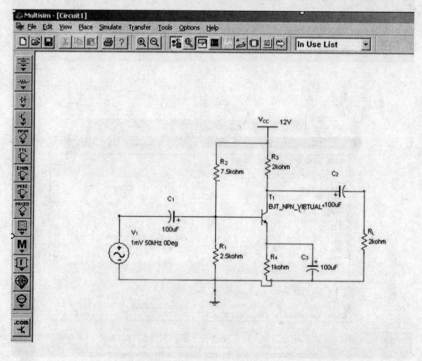

图 3 - 3 - 7　元器件连线

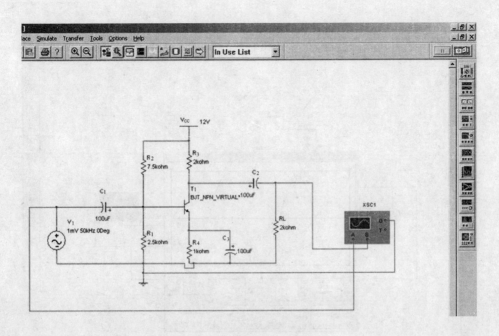

图 3 – 3 – 8　仪器的连接

（三）仿真

（1）静态仿真。用鼠标左键单击仿真图符,选择"DC Operating Point"可进行静态工作点的电压仿真,如图 3 – 3 – 9 所示。

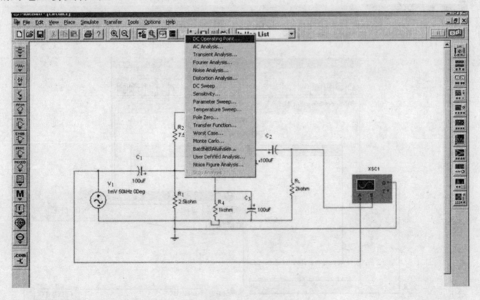

图 3 – 3 – 9　静态仿真

（2）动态仿真。利用示波器及波特图仪可进行电路的动态分析如电压放大倍数、频率特性等,如图 3 – 3 – 10 所示。

（四）仿真结果的保存

静态和动态仿真结果都可以以文件方式保存到磁盘中存储。

115

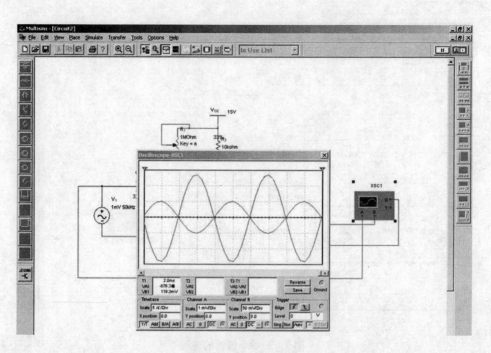

图 3 – 3 – 10 动态仿真

(1)静态仿真结果保存。在静态仿真结果对话框中,用鼠标左键单击保存图标,在随后弹出的对话框中选择代保存的文件路径即可,如图 3 – 3 – 11 所示。

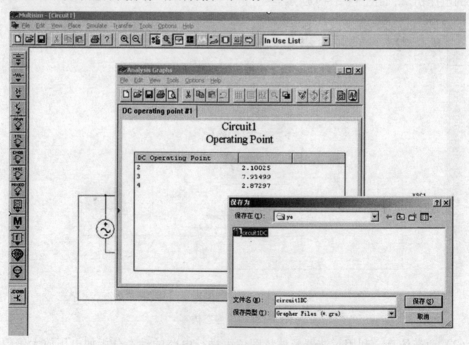

图 3 – 3 – 11 静态仿真结果保存

(2)动态仿真结果保存。在示波器对话框中,用鼠标左键单击保存按钮,在随后弹出的对话框中选择代保存的文件路径即可,如图 3 – 3 – 12 所示。

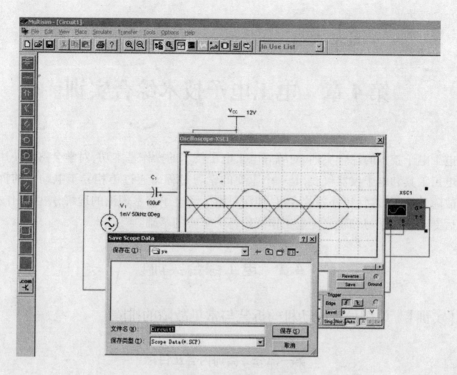

图 3 – 3 – 12　动态仿真结果保存

第4章 电工电子技术综合实训

电工电子技术的综合实训,对练好电工电子技术的操作基本功,对学会熟练使用各种常用电工工具和电子仪器仪表,是一个重要的学习过程。通过单相异步电动机的拆装与常见故障的排除、六管超外差收音机,加深对电工和电子技术理论的理解,增强操作技能,为以后专业课的学习和将来走上工作岗位打下坚实的基础。

4.1 电工综合实训

【实训】 单相异步电动机的拆装与常见故障的排除

第一部分 实训内容及目标

(一)实训目的及任务

(1)了解单相异步电动机的基本工作原理。

(2)掌握单相异步电动机的拆装步骤和方式。

(3)了解单相异步电动机常见故障及其排除方法。

(4)完成实训报告。

(二)实训基本要求

(1)严格遵守操作规程,安全用电。

(2)应会看懂单相异步电动机的图纸。

(3)独立完成单相异步电动机的拆装。

(4)应会排除在拆装过程中出现的一般性故障。

(三)实训报告

要求就拆装的步骤、规程、注意事项、故障判断方式等写好实习日记。实训结束时,根据实习日记写出实训报告,实训报告要有标题、实训目的、实训任务、实训过程;基础理论说明;故障检修记录和分析以及实习体会和总结。

(四)实训考核标准

(1)实训纪律与学习态度   10分。

(2)单相异步电动机的拆装   40分。

(3)单相异步电动机常见故障的排除   20分。

(4)安全文明生产   10分。

(5)团队合作表现   10分。

(6)实训报告   10分。

第二部分 实训理论知识及技能要求

（一）单相异步电动机的结构

单相异步电动机的结构与三相异步电动机大体相似,它主要由笼型转子、定子(其铁芯槽内嵌放单相绕组)及启动元器件、附件等组成,如图 4 – 1 – 1 所示。

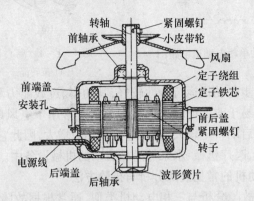

图 4 – 1 – 1 单相异步电动机的结构

1. 定子

定子由机座、定子铁芯、定子绕组、端盖、轴承等组成,其中机座支承着整个电动机,端盖起保护定子和转子的作用。定子绕组由两套绕组组成,一套是主绕组(运行绕组),另一套是副绕组(启动绕组),两套绕组沿定子的内圆相隔一定的电角度(一般是 90°)相间嵌放,以建立旋转磁场。主、副绕组中任一绕组的首端与尾端对调后接入电源,即可改变磁场的旋转方向,从而改变电动机的转向。根据铁芯槽数的不同和绕组不同的连接方式,可以构成 2 极、4 极或多极电动机。

2. 转子

转子由转子铁芯、转子绕组和转轴组成。转子与定子间有均匀的空气隙,气隙很小,即只有 0.3mm ~ 0.5mm。

3. 启动元器件

单相异步电动机本身没有启动转矩,通电后不能自行启动,必须借助于其他设备启动,而这些设备启动称为启动元器件,如电阻、电容、PTC 元器件、离心开关等,它们串联在副绕组的控制线路中。如图 4 – 1 – 2 所示,C 为启动元器件电容,S 为离心开关。如果副绕组始终参与运行,即称为电容运转式单相异步电动机;如果副绕组只起启动作用,则称为电容启动式单相异步电动机。

图 4 – 1 – 3 所示是离心开关的结构示意图。离心开关由旋转部分和静止部分组成,旋转部分安装于电动机转轴上,与电动机一起旋转,而静止部分安装在机座或端盖上,电动机静止或转速较低时,开关 S 是闭合的,即启动绕组与电源接通,当电动机启动后,转速达到一定数值(一般为额定转速的 80% 左右)时,由于离心力的作用,旋转部分使铜触片向外张开,将启动绕组从电源上切除,电动机启动结束,投入正常运行。切除启动绕组也有采用电磁启动继电器和 PTC 元器件来完成的,如电冰箱压缩电动机等。

119

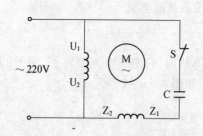

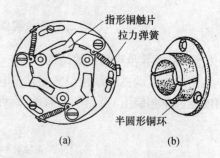

指形铜触片

拉力弹簧

半圆形铜环

图 4-1-2　电容启动单相电动机电路图　　图 4-1-3　离心开关的结构示意图

(a) 旋转部分；(b) 静止部分。

电容运转式单相异步电动机运行特性较好，其功率、过载能力和功率因数都比较高，结构简单，制造成本低，易于改变电动机的运转方向。常用于电风扇、洗衣机等。电容启动式单相异步电动机的启动转矩较大，启动电流也相应增大，因此它广泛应用于小型空气压缩机、电冰箱、磨粉机、医疗机械、水泵等满载启动的机械设备中。

（二）单相异步电动机的常见故障分析与排除方法

单相异步电动机的故障分析与三相电动机类似，通常根据故障症状推断故障可能部位，并通过一定的检查方法，找出损坏的地方，排除故障。但也有其特殊的地方，如电容器、离心开关等是单相异步电动机正常启动运行的一个关键部件。

如果电容运转式单相异步电动机电容量减小，则会造成电动机转速慢、难以启动等故障；电容器断路或短路会造成电动机无法启动。离心开关损坏，如触头无法断开，则启动绕组不能正常断开，表现转速过低，电动机发热烧毁启动绕组；如离心开关触头闭合不上或接触不良（正常时，停转状态下用万用表测量电阻挡可测量出启动绕组的直流电阻），则会造成无法启动或启动迟缓且转向不定。单相异步电动机的常见故障分析与排除方法见表 4-1-1。

表 4-1-1　单相异步电动机常见故障分析与排除方法

故障现象	可能原因	排除方法
电动机不能启动	1. 运行绕组断路 2. 启动绕组断路 3. 电容器损坏 4. 离心开关触头闭合不上 5. 绕组线圈接地 6. 绕组线圈烧毁或短路 7. 轴承太紧或卡死	1. 接好断路点并进行绝缘处理 2. 接好断路点并进行绝缘处理 3. 更换同规格电容器 4. 调整拉力弹簧和触片压力 5. 进行绝缘处理或重新绕制线圈 6. 重新绕制线圈 7. 加注润滑油或更换轴承
电动机启动困难	1. 电容器容量不足 2. 离心开关触头接触不良 3. 轴承卡滞 4. 绕组线圈短路	1. 更换同规格电容器 2. 修整触头 3. 加润滑油润滑 4. 对短路处进行绝缘处理或重绕线圈

故障现象	可 能 原 因	排 除 方 法
电动机过热	1. 电源电压过低 2. 定子绕组中有匝间短路 3. 运行绕组与启动绕组短路 4. 定子绕组中有绕线错误 5. 离心开关触头无法断开 6. 润滑油干涸,润滑性能降低	1. 检查并调整电源电压 2. 修复或重新绕制定子绕组 3. 找出短路点并进行绝缘处理 4. 按展开图正确绕线 5. 调整拉力弹簧和触片压力 6. 清洗轴承,更换润滑油
机壳漏电	1. 定子绕组接地 2. 接线头接地 3. 由于受潮,绝缘强度降低	1. 找出接地点并加以绝缘 2. 重新包扎接线头 3. 烘干定子绕组
运转中振动噪声大	1. 转轴严重变形,使定子和转子摩擦 2. 轴承损坏或严重缺润滑油 3. 定子与转子间有杂物 4. 电动机安装不牢固	1. 校正转轴 2. 更换轴承或加注润滑油 3. 清除杂物 4. 将电动机安装牢固

1. 单相异步电动机的拆卸

拆卸洗衣机洗涤用电动机的方法与步骤,洗涤用电动机的结构如图4-1-4所示。

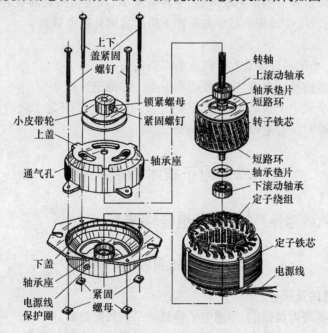

图4-1-4 洗涤用单相电动机的结构

（1）旋松小皮带轮上的锁紧螺母和紧固螺钉,取下小皮带轮。

（2）旋下上下盖紧固螺钉、螺母。在上盖、定子铁芯和下盖上分别记下三者的相对位置,以便按原样组装。

（3）用左手握住电动机转轴的上端,把电动机提起,右手用木锤敲打下盖,使定子铁芯同上盖分离,使转子的下滚动轴承同下盖的轴承座分离。

（4）把转子连同上盖翻过来,左手握住电动机转轴的另一端,把电动机转轴和上盖提起,右手用木锤敲打上盖,使转子的上滚动轴承同上盖的轴承座分离。

（5）用左手握住并提起定子铁芯,右手用木锤敲打下盖,使定子铁芯同下盖分离。

（6）如果转子的上下滚动轴承没有故障,可不拆卸滚动轴承,如果磨损严重,可用专用工具把滚动轴承卸下更换。

（7）零部件拆下后,要用小毛刷清扫零部件上的灰尘。如果转子外表面或定子内表面有脏污,清扫不掉,可用汽油擦洗。如果上下轴承里的润滑脂变质,要用汽油把轴承清洗干净,再填入优质润滑脂。

2. 单相异步电动机的组装

在组装之前,要先检查每个零部件的损坏情况,对损坏的零部件要更换或修理。对定子绕组要用万用表检查是否有断路或短路,用兆欧表检查它的绝缘性能。如果发现有断路或短路故障,则要进行修理,绝缘性能下降要烘烤,故障严重要重新绕制绕组。单相异步电动机的组装步骤与拆卸步骤基本相反,即先拆后装,后拆先装。装配完成后检查转轴是否运转灵活,并用兆欧表测量绝缘,绕组对机壳的绝缘电阻应不小于2MΩ。最后,将电动机固定在工作台上,接上运转电容器,接通电源,观察电动机的运转情况。

3. 故障排除

教师或同学间设置一些常见故障,如电容量减小、绕组接头处断线、离心开关触头闭合不上或接触不良等,在教师的指导与监护下排除故障并通电试验。

4. 注意事项

（1）拆卸时,小的零件要放在零件盒内以防丢失。

（2）拆卸端盖前要在上盖、定子铁心和下盖上作标记。

（3）拆装转子和定子铁芯时,动作不要过急,防止碰撞损坏定子绕组。

（4）通电试验时要有老师监护,确保安全。

4.2　电子技术综合实训

【实训】　六管超外差收音机的组装与调试

第一部分　实训内容及目标

（一）实训目的及任务

（1）进一步提高焊接技能,熟悉电子整机产品的装配过程。

（2）学习万用表的使用方法,掌握常用电子元器件的识别及质量检验。

（3）掌握超外差调幅收音机的基础知识、电路原理、组成框图及信号流程。

（4）运用所学的基本技能和知识,装配和调试 S66D 六管超外差收音机。

（5）了解超外差收音机各单元电路故障特点,掌握常用维修方法和技巧。

（6）完成实训报告。

（二）实训基本要求

（1）严格遵守操作规程,安全用电。

（2）应会检测元器件，并能判别其质量好坏。

（3）独立完成各测试点的测量与整机安装工作。

（4）应会排除在调试与装配过程中出现的一般性故障。

（5）所制作的产品电器性能指标应能满足如下要求。

① 接收频率范围：AM　535kHz～1605kHz。

② 接收灵敏度：AM　达国家 C 类标准。

③ 输出功率：大于 80mW。

④ 供电电源：DC 3V。

⑤ 立体声耳机输出阻抗：32Ω。

（三）实训器材

S66D 收音机套件	1 套
吸锡工具	1 套
MF47 型万用表	1 套
220 V、20 W 电烙铁	1 把
镊子	1 套
起子	1 套
剪刀	1 套
尖嘴钳	1 套
音频信号发生器	1 台
热塑枪	1 把
高频信号发生器	1 台
碱性 AAA 电池	1 对
稳压电源	1 台

（四）实训报告

要求针对每天所学的电路原理、指标测试数据、故障检修记录等，写好实习日记。实训结束时，根据实习日记写出实训报告，实训报告要有标题、实训目的、实训任务、实训过程；基础理论说明；故障检修记录和分析以及实习体会和总结。

（五）实训考核标准

（1）实训纪律与学习态度	10 分。
（2）焊接技能与质量	20 分。
（3）安装与调试技能	40 分。
（4）安全文明生产	10 分。
（5）团队合作表现	10 分。
（6）实训报告	10 分。

第二部分　实训理论知识及技能要求

一、收音机基本原理

（一）无线电信号的组成及传输

众所周知，声音在空气中传播的距离是很有限的，传播的速度通常只有 340m/s。如何使声音传播得更快、更远呢？人们想到了无线电波。通过知道无线电波是电磁波，它能把电磁场的能量以光的速度传播到很远，而将声音信号装载在无线电波上，就可以把声音以光的速度传到世界的任何地方，这就是无线电广播技术。

1. 调幅波和调频波

无线电广播是如何将声音信号装载在无线电波上的呢？实际上，装载的方式就是调制，即无线电广播所传播的信号是经过调制后的载波信号。无线电广播中常用的调制方式有两种：调幅和调频，如图 4 − 2 − 1 所示。

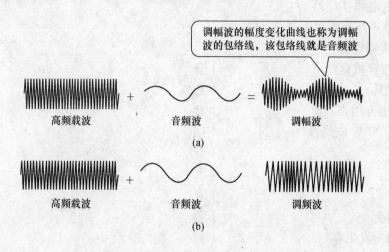

图 4 − 2 − 1　调幅和调频信号
（a）调幅信号；（b）调频信号。

如果音频信号是以高频载波的幅度变化方式装载上去的，就称其为调幅波；如果音频信号是以高频载波的频率变化方式装载上去的，就称其为调频波。

高频载波是用来作为发射的电磁波，将声音信号（音频波）装载在高频载波上，调制后使高频载波的幅度随音频波的改变而改变。当将调制后的高频载波通过天线作为电磁波发射出去的时候，声音就会以光的速度传播到远方。

2. 无线电广播的波段

每一个广播电台都有一个固定的高频载波频率。例如，在湖北武汉地区，中央人民广播电台的频率是 1035kHz，就是说该广播电台的高频载波频率为 1035kHz；湖北台 774kHz，就是说该广播电台的高频载波频率为 774kHz。

无线电广播的频段通常规定为：

中波段　　　535kHz ~ 1605kHz

中短波　　　2MHz ~ 6MHz

短波　　　　6MHz ~ 24MHz

3. 频率与波长

无线电波、光波都属电磁波，它们的传输速度都是 3×10^5 km/s。电磁波的速度、频率与波长的关系见表 4 − 2 − 1。

表 4 - 2 - 1　频率与波长的关系

频率 f	波长 $\lambda = v/f$	频率 f	波长 $\lambda = v/f$
1kHz	300000m	2MHz	150m
10kHz	30000m	6MHz	50m
535kHz	560m	24MHz	12.5m
1605kHz	186.9m		

$$波长\ \lambda = \frac{速度\ v}{频率\ f}$$

式中: v 为电波传输的速度; f 为无线电波的频率。

根据无线电理论,当发射天线的长度与被发射的无线电波的波长相等时,发射效率最高。

如果直接将低频信号通过天线辐射到空间去,那么天线需要很长,否则发射效率将很低。即使信号被发射出去,也因各种信号频率段相同,在空间混杂在一起,导致接收器,如收音机将无法选择所需要的信号。在无线电系统中,由于采用了调制技术,其发射的是高频载波,因此发射天线尺寸就可以缩小。

从广播电台的调制(调幅)发射示意图 4 - 2 - 2 中可以看出,高频载波由各自的高频振荡器产生。播音员的声音信号从 MIC 送到调制器,与高频振荡器的高频载波混频后成为调幅波输出,经功率放大后由发射天线变成电磁波辐射到空间。由于中央台高频载波为 1035kHz,湖北台高频载波频率为 774kHz,所以当收音机调谐到中央台的 1035kHz 时,

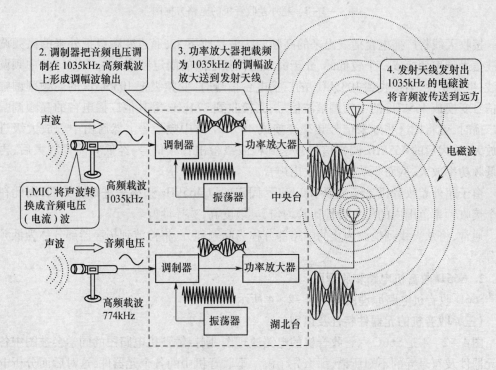

图 4 - 2 - 2　广播电台的调制(调幅)发射示意图

125

中央台就被接收进来;若调到774kHz,收到的就是湖北台。因为各电台的载波频率不一样,所以有效地防止了串台。

(二)超外差收音机电路组成

1. 框图及波形

超外差收音机的电路方框图如图4-2-3所示。

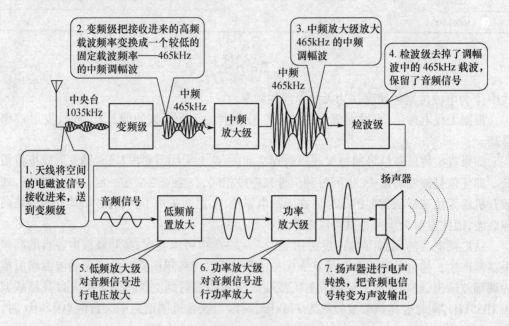

图4-2-3 超外差收音机的电路方框图

接收天线将广播电台播发出来的高频调幅波接收下来,通过变频级把外来的高频调幅波信号频率变换成一个较低的、介于高频与低频之间的固定频率——465kHz的中频调幅波,也就是说,当接收到1035kHz的广播电台信号时,变频级把1035kHz的高频率调幅波信号变换成465kHz的中频调幅波信号;当接收到774kHz等其他广播电台的高频调幅波广播时,就将把这些外来信号频率变换成465kHz的中频信号。然后由中频放大级进行放大,放大后的465kHz调幅信号被送到检波级检出音频信号,经低频前置放大后,再经低频功率放大,从而驱动扬声器发出声音。

由于超外差收音机是经过频率变换后,固定的以465kHz频率来进行放大的,因此在整个接收频率范围内的放大特性比较均匀,灵敏度高,选择性好。

通常,将从天线到检波为止的电路部分称为高频部分,将检波到扬声器部分称为低频部分。

2. S66D收音机电路和原理图

S66D收音机电路原理图如图4-2-4所示。

(三)收音机的元器件特性及识别

图4-2-4是S66C六管收音机的电路原理图,刚接触整机电路图的同学会被图中各种元器件及符号弄的不知所措,那么先了解一下收音机中的各个元器件,这对后面分析电路将会有很大的帮助。

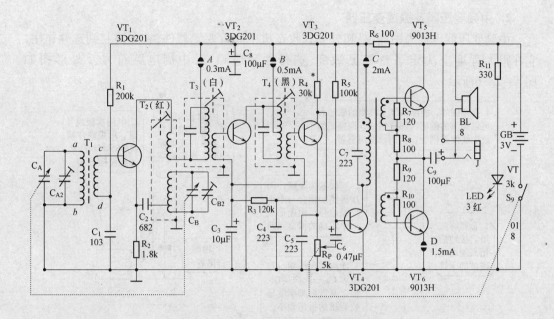

图 4 - 2 - 4　S66D 收音机电路原理图

1. 磁性天线 T_1

晶体管收音机中一般都采用磁性天线。磁棒能大量聚集空间的电磁波,从而使套在磁棒上的线圈感应到很强的无线电讯号电压。S66D 收音机的磁性天线如图 4 - 2 - 5 所示。

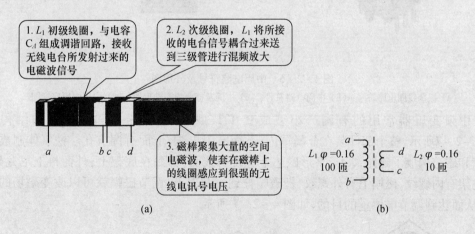

1. L_1 初级线圈,与电容 C_A 组成调谐回路,接收无线电台所发射过来的电磁波信号

2. L_2 次级线圈,L_1 将所接收的电台信号耦合过来送到三极管进行混频放大

3. 磁棒聚集大量的空间电磁波,使套在磁棒上的线圈感应到很强的无线电讯号电压

$L_1 \varphi = 0.16$　100 匝　　$L_2 \varphi = 0.16$　10 匝

(a)　　　　　　　　　　　　(b)

图 4 - 2 - 5　磁性天线

(a) 磁性天线;(b) 元件符号。

磁性天线由磁棒和线圈组成。磁棒是由铁氧体做成的,一般有两类:

(1) 锰锌铁氧体(Mx)导磁系数 $\mu_0 = 400$ 较大(通常)它的工作频率比较低,适用于中波段,称为中波磁棒。

(2) 镍锌铁氧体(Nx)导磁系数 μ_0 较小(通常 $\mu_0 = 40 \sim 60$)它的工作频率高,在 12MHz ~ 26MHz 左右,适用于短波段,称为短波磁棒。

2. 中频变压器及振荡变压器

中频变压器也称为中周,是超外差式收音机中的重要元器件,它主要起到选频作用,它在很大程度上决定了整机灵敏度、选择性和通频带,中周电路符号及外形图如图4-2-6所示。

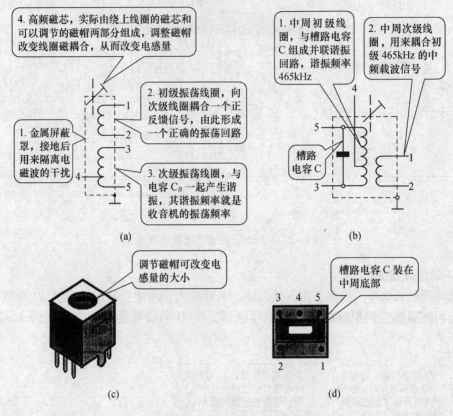

4.高频磁芯,实际由绕上线圈的磁芯和可以调节的磁帽两部分组成,调整磁帽改变线圈磁耦合,从而改变电感量

2.初级振荡线圈,向次级线圈耦合一个正反馈信号,由此形成一个正确的振荡回路

1.金属屏蔽罩,接地后用来隔离电磁波的干扰

3.次级振荡线圈,与电容C_B一起产生谐振,其谐振频率就是收音机的振荡频率

1.中周初级线圈,与槽路电容C组成并联谐振回路,谐振频率465kHz

2.中周次级线圈,用来耦合初级465kHz的中频载波信号

槽路电容C

(a) (b)

调节磁帽可改变电感量的大小

槽路电容C装在中周底部

(c) (d)

图4-2-6 中周电路符号及外形图

(a)振荡线圈电路符号;(b)中周电路符号;(c)中周及振荡线圈外形图;(d)中周中周底视图。

中频变压器常用的有国产小型成套 TTF 型,中频变压器和振荡器的结构如图4-2-7所示,整个部件装在金属罩内,下面有引出脚,上面有调节孔。铁氧体制成的磁帽和磁芯构成了磁路,"Ⅰ"字形磁芯上缠绕有线圈,并黏在底架上,外面再上尼龙架,尼龙架有内螺纹,磁帽上有外螺纹,把磁帽拧到尼龙架上,调节磁帽就可以改变磁场的大小,从而达到调节电感量的目的,如图4-2-7所示。

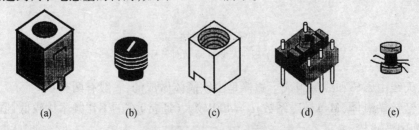

(a) (b) (c) (d) (e)

图4-2-7 中频变压器、振荡线圈的内部结构图

(a)屏蔽罩;(b)磁帽;(c)尼龙架;(d)底架;(e)磁芯。

128

3. 有机密封双连可变电容器

半导体收音机中,当调节刻度盘搜索电台时,实际上就是在调谐双连可变电容器。

在双联可变电容器中一般做了四个电容器,如图4-2-8(a)、(b)所示。其中 C_A、C_B 是两个完全相同的同轴可变电容,调整双联中心轴,电容量同时改变。C_{A2}、C_{B2} 是两个可以调节的可变电容,用小起子调整背面的螺丝可分别调节其容量的大小。

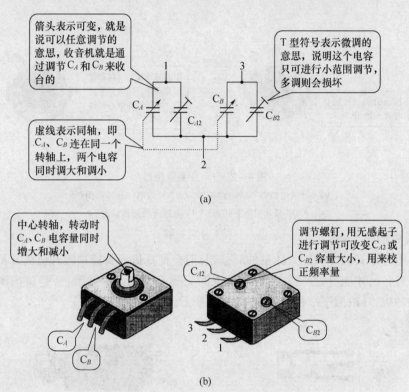

图4-2-8 有机密封双联可变电容器

(a)可变双联等效电路;(b)外形图。

4. 开关电位器

开关电位器如图4-2-9所示,它将开关和电位器制作在同一个元器件上,当开关收音机时有这样一个过程,拧动开关旋钮时先听到"啪"的一声,表示电源被接通,继续拧动旋钮时音量变大。其中开关电位器做了两件事:一是接通电源;二是调节音量。

元器件的标称值及偏差见表4-2-2。

表4-2-2 元器件的标称值及偏差

标称值	允许偏差	元器件的标称值							
E24	Ⅰ级 ±5%	1	1.1	1.2	1.3	1.5	1.6	1.8	2.0
		2.2	2.4	2.7	3.0	3.3	3.6	3.9	4.3
		4.7	5.1	5.6	6.2	6.8	7.5	8.2	9.1
E12	Ⅱ级 ±10%	1.0	1.2	1.5	1.8	2.2	2.7	3.3	3.9
		4.7	5.6	6.8	8.2	–	–	–	–
E6	Ⅲ级 ±20%	1.0	1.5	2.2	3.3	4.7	6.8	–	–

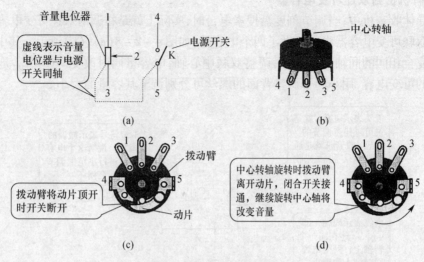

图 4-2-9　开关电位器

（a）开关电位器等效电路符号；（b）开关电位器外形图；
（c）电源开关断开状态；（d）电源开关接通状态。

5. 耳机插座

在聆听音乐又怕影响别人休息的时候,我们会把耳机插头插进收音机的耳机插座里,这样就只有自己才能听到广播了,也就是说插头插入完成了两件事:一是将扬声器断开;二是接通耳机,耳机插座结构如图 4-2-10 所示。

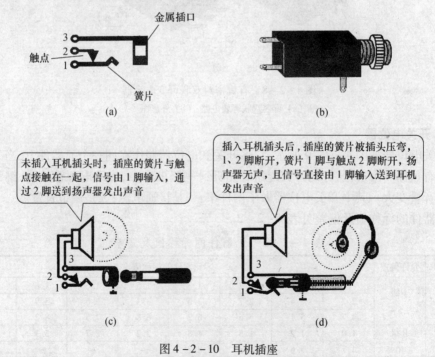

图 4-2-10　耳机插座

（a）耳机插座电路符号；（b）耳机插座外形图；
（c）末插入耳机时扬声器接通；（d）插入耳机后扬声器断开。

130

（四）超外差收音机电路和分析

1. 变频级

变频级是超外差式收音机的核心部分,相对于其他各级电路来说复杂一些。变频的目的是将不同电台的不相同高频载波变换成为一个 465 kHz 的载波频率,但只允许变换载波频率,不允许变换该频率承载的信号。

S66D 六管超外差收音机采用自激式变频电路,该电路由输入调谐电路、自激振荡电路、混频放大电路和选频网络组成,如图 4-2-11 所示。

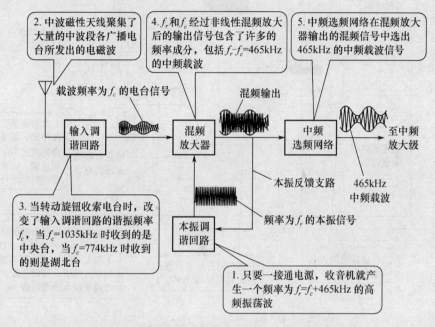

图 4-2-11　变频电路框图及基本工作过程

（1）变频级电路和的组成。变频级电路的组成如图 4-2-11 所示。

（2）变频电路工作原理。变频电路的电路原理图如图 4-2-12 所示。

① 信号接收和调谐电路。信号接收和调谐电路的作用是将天线感应的各种信号加以选择,调谐到需要的频率。图中天线电感 L_1 和可变电容 C_A 组成了 LC 串联谐振电路。当我们用手拨动收音机的调台旋钮,同时改变了 C_A 和 C_B 的电容容量,也就改变了接收电路的谐振频率。当调至与某一广播电台载波频率相同时,将在 L_1 上获得最大信号电压,并通过 L_2 耦合到 VT_1 放大。

② 本机振荡电路。本机振荡电路的作用是为了产生高频正弦波电压(本机振荡),其振荡频率 f_r 与信号载波 f_c 之差应能始终满足 $f_r - f_c = 465 \text{kHz}$。S66D 六管超外差收音机的本振回路是由混频三极管 VT_1、振荡中周 T_2、振荡电容 C_B 和高频耦合电容 C_2 组成的,它是可调谐的 LC 振荡电路。从 L_4 的抽头取出本振信号,并通过 C_2 注入 VT_1 管的发射极形成一个共基放大电路。同时依靠中周 T_2 的初级线圈 L_3 和次级线圈 L_4 的正反馈作用,使振荡增强,当反馈信号增大到一定程度,三极管工作在非线性区时,使振荡幅度受到限制,达到平衡,从而产生稳定振幅的高频振荡信号。

③ 非线性放大电路。该电路起主要作用的就是混频三极管 VT_1,天线接收的信号载

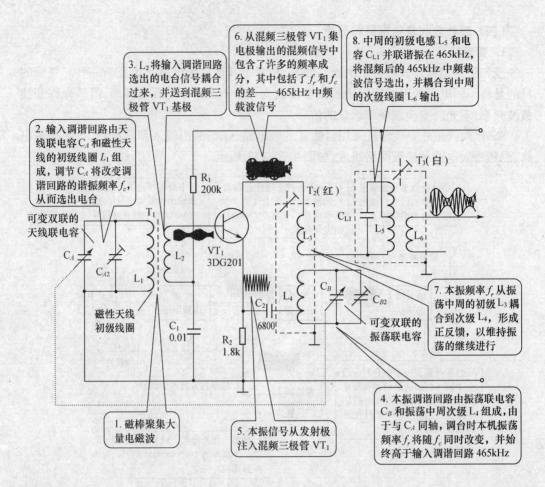

3. L_2 将输入调谐回路选出的电台信号耦合过来，并送到混频三极管 VT_1 基极

6. 从混频三极管 VT_1 集电极输出的混频信号中包含了许多的频率成分，其中包括了 f_r 和 f_c 的差——465kHz 中频载波信号

8. 中周的初级电感 L_5 和电容 C_{L1} 并联谐振在 465kHz，将混频后的 465kHz 中频载波信号选出，并耦合到中周的次级线圈 L_6 输出

2. 输入调谐回路由天线联电容 C_A 和磁性天线的初级线圈 L_1 组成，调节 C_A 将改变调谐回路的谐振频率 f_c，从而选出电台

可变双联的天线联电容

T_1

R_1 200k

T_2（红）

T_3（白）

C_{L1}

L_5

L_6

C_A

C_{A2}

L_1

L_2

VT_1 3DG201

L_3

磁性天线初级线圈

C_1 0.01

C_2 6800

R_2 1.8k

L_4

C_B

C_{B2}

可变双联的振荡联电容

7. 本振频率 f_r 从振荡中周的初级 L_3 耦合到次级 L_4，形成正反馈，以维持振荡的继续进行

4. 本振调谐回路由振荡联电容 C_B 和振荡中周次级 L_4 组成，由于与 C_A 同轴，调台时本机振荡频率 f_r 将随 f_c 同时改变，并始终高于输入调谐回路 465kHz

1. 磁棒聚集大量电磁波

5. 本振信号从发射极注入混频三极管 VT_1

图 4 – 2 – 12　变频电路原理图

波 f_c 从 L_2 送到 VT_1 基极，VT_1 作为一个共射的放大电路和将载波信号注入基极放大。同时本机振荡信号 f_c 从射极注入到 VT_1 形成共基放大，f_r 和 f_c 在 VT_1 中混频，从而产生一个 $f_r - f_c = 465kHz$ 的差频，从集电极送到中频选频电路中。需说明的是，变频管必须工作在非线性区之内，否则就没有差频信号的产生，不能完成变频任务。

④ 中频选频电路。中频选频是中频变压器 T_3 完成的，它是利用了 LC 电路的选频特性，初级线圈 L_5 和谐振电容 CL_1 组成并联谐振电路，谐振频率为 465kHz，从而将 465kHz 的差频信号选出，并送到中放电路和放大。

作为放大电路的第一级，变频管应具有良好的高频放大特性和稳定性，同时静态电流设置要满足变频管的非线性失真和整机噪声指标的要求。所以变频电路的静态电流值不能太大，也不能过小。因为电流大将使得噪声大，且影响变频效果；过小则会影响放大能力，甚至电路不起振或停振，电流一般取 0.3mA ~ 0.5mA 。

2. 中频放大及检波电路

中频放大及检波电路简称中放电路，也是一个极为重要的电路，收音机的整机灵敏度、选择性及自动增益电路的好坏主要在中放级。在 S66D 收音机电路中，中放级与检波级联系比较紧密，我们放在一起分析。

图4-2-13中VT₂为中频放大三极管，VT₃为检波三极管，主要完成中频放大、检波及AGC控制的任务。

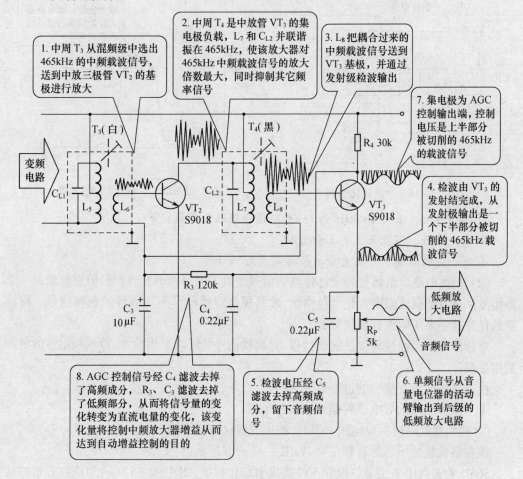

1. 中周T₃从混频级中选出465kHz的中频载波信号，送到中放三极管VT₂的基极进行放大

2. 中周T₄是中放管VT₃的集电极负载，L₇和C_{L2}并联谐振在465kHz，使该放大器对465kHz中频载波信号的放大倍数最大，同时抑制其它频率信号

3. L₈把耦合过来的中频载波信号送到VT₃基极，并通过发射级检波输出

7. 集电极为AGC控制输出端，控制电压是上半部分被切削的465kHz的载波信号

4. 检波由VT₃的发射结完成，从发射极输出是一个下半部分被切削的465kHz载波信号

8. AGC控制信号经C₄滤波去掉了高频成分，R₃、C₃滤波去掉了低频部分，从而将信号量的变化转变为直流电量的变化，该变化量将控制中频放大器增益从而达到自动增益控制的目的

5. 检波电压经C₅滤波去掉高频成分，留下音频信号

6. 单频信号从音量电位器的活动臂输出到后级的低频放大电路

图4-2-13　S66D收音机中放电路原理分析

（1）中频放大电路。

中频放大电路实际上是一个LC调谐放大器。常用的调谐方式有单调谐回路、双调谐回路和陶瓷滤波器。S66D收音机中是由三极管VT₂和中频变压器T₄组成的单调谐中频放大器（见图4-2-14），中周T₄是三极管VT₃的集电极负载。L₇和CL2组成并联谐振回路，调节中周的磁帽改变L₇的电感量大小，使LC谐振频率准确地调整在465kHz，从而使放大器对465kHz中频载波信号的放大倍数最大，同时抑制其他频率信号。放大器通频带如图4-2-15所示。

变频级输出的中频信号由T₃次级送到VT₂的基极，经VT₂共射放大后，由L₇、CL₅组成的并联谐振回路选频，L₇、CL₅仍然调谐在465kHz，调节T₄的磁帽就可改变电感L₇的大小，以此校正调谐频率。

小知识

一般超外差收音机中频放大器性能要求：

① 增益高。一般中频放大器采取两级放大，应具有60dB左右的增益。

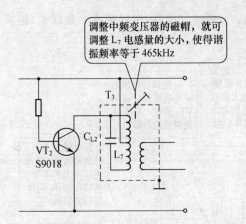

调整中频变压器的磁帽，就可调整 L_7 电感量的大小，使得谐振频率等于 465kHz

图 4 – 2 – 14　中放简化电路

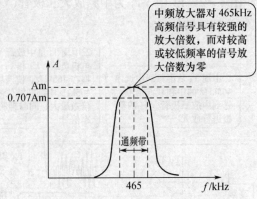

中频放大器对 465kHz 高频信号具有较强的放大倍数，而对较高或较低频率的信号放大倍数为零

图 4 – 2 – 15　中频放大器通频带

② 选择性好。采用 465kHz 的 LC 并联谐振回路作负载。

③ 稳定性好。不能产生失真和自激。

④ 有一定的带宽。广播电台的频谱宽度为 9kHz。

（2）检波电路。虽然变频级已将高频信号变成了中频 465kHz 信号，但它依然是一个调幅波。只有调幅波幅度变化的包络线，才是模拟广播电台声音信号的音频信号。检波器的任务就是来还原该音频信号的。

声音信号的还原过程就是解调过程，对调幅信号的解调采用检波，对调频信号的解调采用鉴频。

检波器解调声音信号的过程可分为两步：

① 用 PN 结单向导电性将调幅波去掉半周。

② 利用滤波原理去掉高频 465kHz 的成分而保留包络线。

该包络线就是所需的音频信号，如图 4 – 2 – 16 所示。

S66D 收音机中采用了三极管 VT_3 的发射结作检波，图 4 – 2 – 17（a）为该收音机的检波电路。调幅信号从 VT_3 基极送入，从发射极取出。由于 VT_3 的静态偏置设置为临界截止，使得调幅信号的负半周全部进入三极管截止区，发射极只有正半周的电流输出，波形分析如图 4 – 2 – 17（b）所示。然后用 C_5 将 465kHz 的载波滤掉，就获得了低频信号。

（3）自动增益控制 AGC。无线电波在空中转播的过程中，会受到天气等外界因素的影响，从而使得传送到我们收音机的电磁波时大时小，在收听节目时就会出现声音一阵大一阵小的现象，自动增益控制就是在无线电波大小发生变化时，自动调整中放电路增益，从而保证收音机音量的稳定。

首先分析 VT_3 集电极电压 U_{C3} 的情况，未加信号时，该点电压就为静态电压 U_{C3Q}，如图 4 – 2 – 18（a）所示。当有信号时，由于 VT_3 偏置在临界截止状态，所以在集电极输出的是上半部分被切削的载波信号。此信号叠加在 U_{C3Q} 上，如图 4 – 2 – 18（b）所示。由于加上的是负半周，使得该点电压平均值下降，因此可知信号越大，U_{C3} 的平均电压越低，信号越小，U_{C3} 的平均电压越高。这种平均电压随信号的大小变化特性就是 AGC 控制的基础。将这些变量经过 C_4、R_3、C_3 的滤波，去掉所有的高、低频成分送到 A 点电位后，就可以完成 AGC 自动增益控制，控制过程如图 4 – 2 – 19 所示。

134

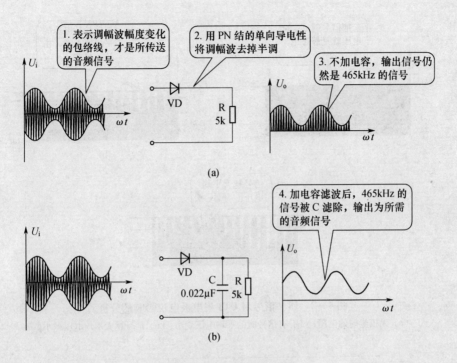

图 4 - 2 - 16　二极管检波

（a）二极管检波；（b）电容滤波。

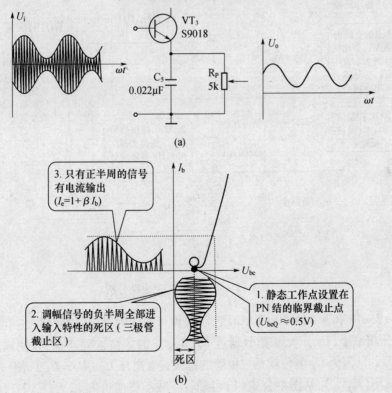

图 4 - 2 - 17　三极管 be 结的检波

（a）三极管检波电路；（b）三极管检波电路分析。

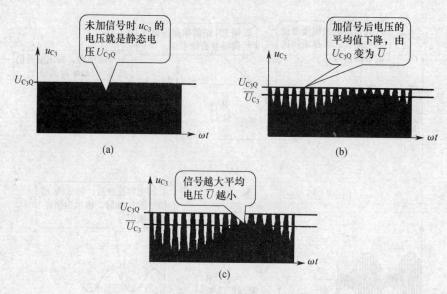

图 4-2-18　信号对 UT3 集电极电位影响的分析

（a）无信号时的电压；（b）有信号时的平均电压变小；（c）信号越大平均电压越小。

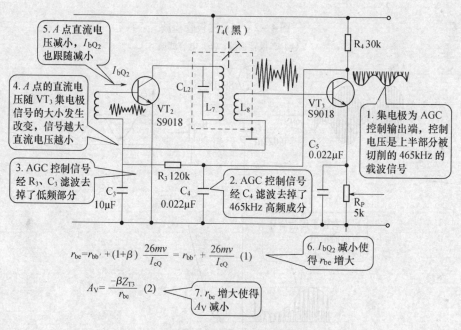

图 4-2-19　AGC 控制电路分析

　　图 4-2-18 和 4-2-19 的 AGC 控制过程可解读为：广播信号增大（↑）时 U_{T3} 集电极直流电压将减小（U_{C3}↓），该信号通过 C_4、R_3、C_3 的滤波送到 A 点，并使该点的静态偏置减小（U_A↓），因为 U_A 电位就是三极管的基极偏置电压 U_{be}（$U_A = U_{be}$），使三极管的基极电流 I_{bQ2} 减小（I_{bQ2}↓），从图中公式（1）可知，I_{bQ2} 减小将使得 r_{be} 增大（r_{be}↑），又由图中公式（2）可知，r_{be} 的增大又将使中频放大器的 A_V 减小（A_V↓）从而保持声音不会随电波增大而减小，如图 4-2-20 所示。

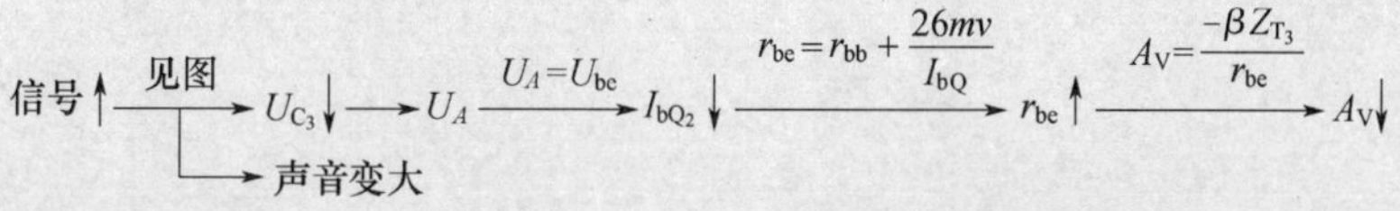

信号 ↑ → 见图 → U_{C_3} ↓ → U_A → $U_A = U_{bc}$ → I_{bQ_2} ↓ → $r_{be} = r_{bb} + \dfrac{26mv}{I_{bQ}}$ → r_{be} ↑ → $A_V = \dfrac{-\beta Z_{T_3}}{r_{be}}$ → A_V ↓

→ 声音变大

图 4-2-20　AGC 控制分析过程

当广播信号减小时同样也可分析出 A_V 增大,最终使声音不会随电波的减小而增大。

3. 低频及功率放大电路

S66D 收音机的低频放大器是由 VT_4 组成的共射放大电路,将检波器送过来的低频信号进行放大后,通过变压器 T_5 送到 VT_5、VT_6 组成的 OTL 电路的输入端,经功率放大后,输出到扬声器,产生音乐及语音声,其收音机功放电路原理分析如图 4-2-21 所示。利用变压器的阻抗变换特性,使低频放大器获得较大的输出功率来推动功放,利用变压器的相位变换特性,完成乙类功率放大器的输入。

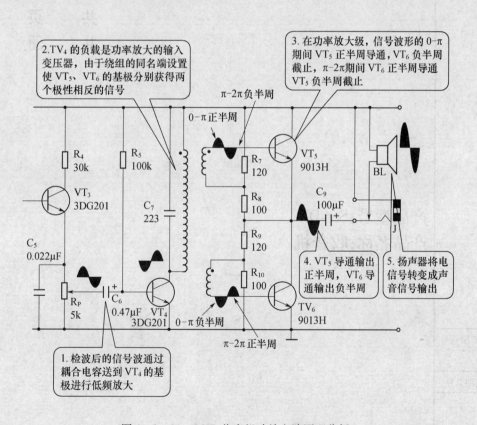

图 4-2-21　S66D 收音机功放电路原理分析

137

二、收音机装配工艺

工　艺　文　件

第　　册
共　　页
共　　册

产品型号:S66D
产品名称:收音机

旧底图总号	
底图总号	
日期	签名

批准:

年　月　日

工艺流程图	产品型号	S666D	名称	收音机
	产品图号	WYB0401	图号	02

工序开始
↓
核对 BOM
↓
PCB 装配
↓
连接导线
↓
整机装配
↓
整机调试

收音机的实习过程包括七大步骤,下面详细说明。

(1)核对 BOM(Bill of Materials),即核对产品物料清单,将教材提供的元器件清单表撤下来,把核对无误的元器件固定在清单上,逐个核对,检查是否缺少元器件。

(2)PCB 装配(即印制电路板装配)。采用水平式无间隙安装。

①色环电阻,11PCS;

②瓷片电容,5PCS;

③三极管,6PCS;

④电解电容,4PCS;

⑤中周 3PCS,输入变压器 1PCS,电位器 1PCS,双联电容 1PCS;

⑥发光二极管 1PCS,耳机插座 1PCS 的成形及焊接。

(3)导线安装。

①根导线接电池两端。

②根导线接扬声器。

(4)PCB 调试(即印制电路板调试)。

①断点电流测量。

②断点连接。

(5)整机装配

①磁棒天线焊接。

②各拨盘安装。

(6)整机调试。

旧底图总号									
底图总号						设　计			
						审　核			
日期	签名								
						标准化			第　页共　页
		更改标记	数量	更改单号	签名	日期	批　准		

139

PCB 装配一	产品型号	S666D	名称	收音机
	产品图号	SYJ0401	图号	03

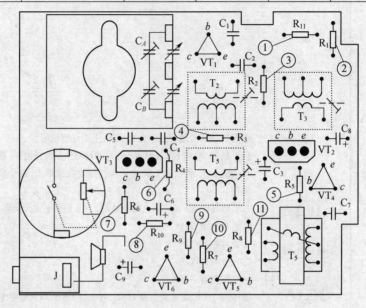

序　号	名　称	型号规格	位号	数　量
（1）	电阻器	330Ω	R_1	1PCS
（2）	电阻器	200kΩ	R_1	1PCS
（3）	电阻器	1.8kΩ	R_2	1PCS
（4）	电阻器	120kΩ	R_3	1PCS
（5）	电阻器	100kΩ	R_5	1PCS
（6）	电阻器	30kΩ	R_4	1PCS
（7）	电阻器	100Ω	R_6	1PCS
（8）	电阻器	100Ω	R_{10}	1PCS
（9）	电阻器	120Ω	R_9	1PCS
（10）	电阻器	120Ω	R_7	1PCS
（11）	电阻器	100Ω	R_8	1PCS

作业要求:(1)采用水平式无间隙安装;
(2)色环电阻需按照色环顺序从左到右方向安装。

旧底图总号								
底图总号					设　计			
					审　核			
日期	签名							
					标准化		第　页共　页	
更改标记	数量	更改单号	签名	日期	批　准			

PCB 装配二	产品型号	S666D	名称	收音机
	产品图号	SYJ0401	图号	04

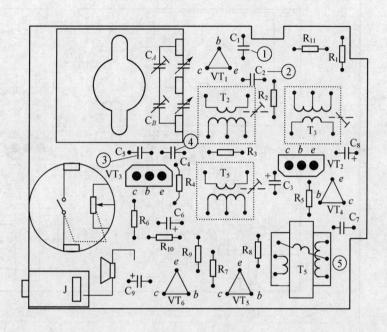

序　号	名　称	型号规格	位　号	数　量
①	瓷片电容	103	C_1	1PCS
②	瓷片电容	682	C_2	1PCS
③	瓷片电容	223	C_5	1PCS
④	瓷片电容	223	C_4	1PCS
⑤	瓷片电容	223	C_7	1PCS

作业要求：(1)采用水平式无间隙安装；
　　　　　(2)标称值要求向下或向左。

旧底图总号									
底图总号						设　计			
						审　核			
日期	签名								
						标准化			
								第　页共　页	
		更改标记	数量	更改单号	签名	日期	批　准		

141

PCB 装配三	产品型号	S666D	名称	收音机
	产品图号	SYJ0401	图号	05

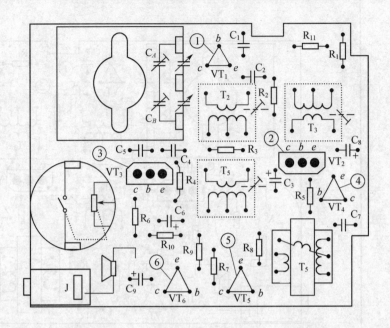

序 号	名 称	型号规格	位 号	数 量
①	三极管	3DG201(绿)	VT_1	1PCS
②	三极管	3DG201(蓝)	VT_3	1PCS
③	三极管	3DG201(蓝)	VT_2	1PCS
④	三极管	3DG204(紫)	VT_4	1PCS
⑤	三极管	9013H	VT_6	1PCS
⑥	三极管	9013H	VT_5	1PCS

作业要求:(1)采用水平式无间隙安装;
(2)注意三极管的 C,B,E 极安装需正确。

旧底图总号							
底图总号					设　计		
					审　核		
日期	签名						
					标准化		
						第 页共 页	
	更改标记	数量	更改单号	签名	日期	批　准	

142

PCB 装配四	产品型号	S666D	名称	收音机
	产品图号	SYJ0401	图号	06

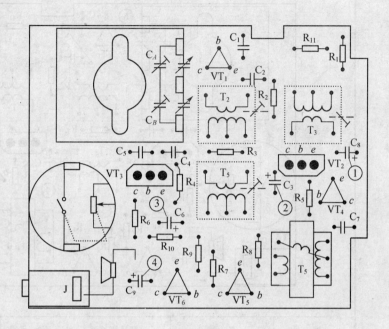

序　号	名　称	型号规格	位　号	数　量
①	电解电容	100μF	C_g	1PCS
②	电解电容	10μF	C_3	1PCS
③	电解电容	0.47μF	C_6	1PCS
④	电解电容	100μF	C_9	1PCS

作业要求:电解电容需注意正负极性,长引脚为正极。

旧底图总号								
底图总号						设　计		
						审　核		
日期	签名							
						标准化		
		更改标记	数量	更改单号	签名	日期	批准	第 页共 页

PCB 装配五	产品型号	S666D	名称	收音机
	产品图号	SYJ0401	图号	07

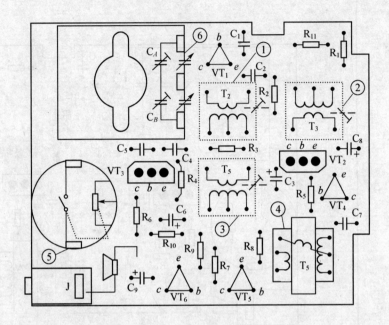

序 号	名 称	型号规格	位 号	数 量
①	中周	红	T_2	1PCS
②	中周	白	T_3	1PCS
③	中周	黑	T_4	1PCS
④	输入变压器	E 型六个引出脚	T_5	1PCS
⑤	电位器	5k(带开关插脚式)	R_P	1PCS
⑥	双联电容	CBM - 223P	CA、CB	1PCS

作业要求:(1)中周的颜色不同其位号不同,安装时要注意;

（2）变压器的塑料骨架上凸点为初级与印制板上白色标记相对应。

旧底图总号							
底图总号					设 计		
					审 核		
日期	签名						
					标准化		第 页 共 页
		更改标记	数量	更改单号	签名	日期	批 准

144

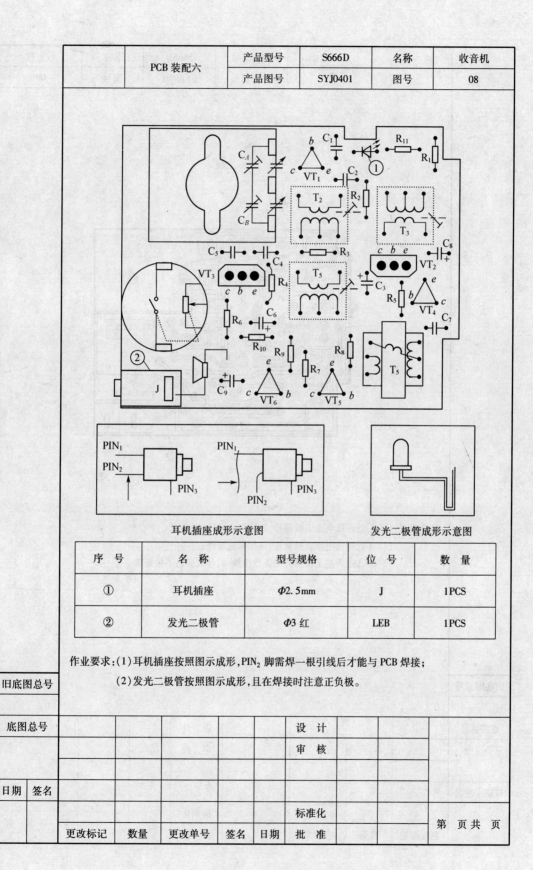

	PCB 装配六	产品型号	S666D	名称	收音机
		产品图号	SYJ0401	图号	08

耳机插座成形示意图

发光二极管成形示意图

序　号	名　称	型号规格	位　号	数　量
①	耳机插座	$\Phi2.5\text{mm}$	J	1PCS
②	发光二极管	$\Phi3$ 红	LEB	1PCS

作业要求:(1)耳机插座按照图示成形,PIN₂脚需焊一根引线后才能与 PCB 焊接;

　　　　　(2)发光二极管按照图示成形,且在焊接时注意正负极。

旧底图总号								
底图总号					设　计			
					审　核			
日期	签名							
					标准化			
		更改标记	数量	更改单号	签名	日期	批　准	第　页 共　页

导线连接	产品型号	S666D	名称	收音机
	产品图号	SYJ0401	图号	09

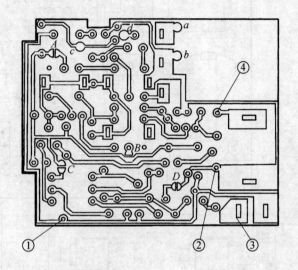

作业要求：(1)①处焊接电池正极簧片,选用红色导线；

(2)④处焊接电池负极簧片,选用黑色导线；

(3)②③处焊接至扬声器的正负接线端,导线颜色不做要求。

旧底图总号											
底图总号					设 计						
					审 核						
日期	签名										
						标准化				第 页共 页	
		更改标记	数量	更改单号	签名	日期	批 准				

146

PCB 调试	产品型号	S666D	名称	收音机
	产品图号	SYJ0401	图号	10

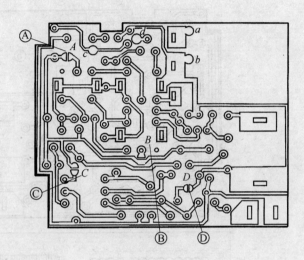

作业要求:(1)请安装两节 1.5V 电池,打开收音开关,此时发光二极管发红光;

(2)测量图示位置的断点电流,若 A 点没电流,C 点电流在 2.5mA 左右,而 B、D 点电流在 0.6mA 左右,此时可将 A、B、C、D 四断点用焊锡连接,印制电路板可进行天线焊接;

(3)若 B、C、D 有一点没电流,请参照原理图,对相应电路进行检查,排除故障后方可进行下一步操作。

旧底图总号									
底图总号						设 计			
						审 核			
日期	签名								
						标准化		第 页共 页	
		更改标记	数量	更改单号	签名	日期	批 准		

147

整机装配	产品型号	S666D	名称	收音机
	产品图号	SYJ0401	图号	11

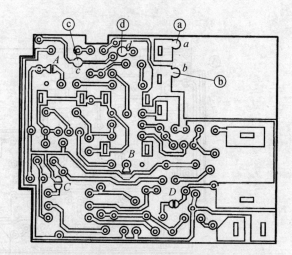

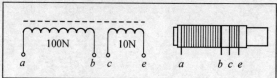

作业要求:(1)按照磁棒线圈接线示意图,分辨线圈的 a,b,c,d 端并接至 PCB 相应的位置;

(2)将磁棒支架用2 枚 $\Phi2.5 \times 5$ 螺丝固定在双联电容上;

(3)用1 枚 $\Phi1.6 \times 5$ 螺丝固定电位器拔盘;

(4)用1 枚 $\Phi2.5 \times 6$ 螺丝固定双联拔盘。

旧底图总号										
底图总号					设 计					
					审 核					
日期	签名									
					标准化				第 页共 页	
	更改标记	数量	更改单号	签名	日期	批 准				

148

三、收音机的调整与测试

一台收音机安装完毕后,应仔细检查元器件是否有错焊、虚焊及漏焊。特别是晶体管引脚、中频变压器的级序、磁性天线的极性等,检查无误后就可进行测试了。

对于一个成熟的产品该有明确的检测标准、良好的检测设备和严格的检测手段,一般收音机的整机调测步骤如下:

(1)调测工作点电流和开口试听。

(2)调整各中频变压器,使谐振频率至465kHz(一般调中频变压器的磁帽),这通常称为调中频或校中周。

(3)统调外差跟踪。

一般检测收音机性能指标的常用设备有高频信号发生器、低频信号发生器、示波器、低频毫伏表、万用表、环形天线、中频扫频仪、失真度测试仪等。仪器布局如图4-2-22所示。

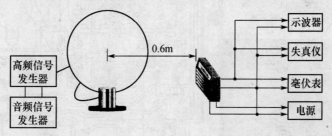

图4-2-22　仪器的连接

(一)各级晶体管工作点的调测

调测晶体管的工作点对已经设计定型的成熟电路来说,就是调整它的上偏电阻,以使它的静态集电极电流处于最佳工作状态。在大量生产中,晶体管的h_{FE}参数是根据原设计规定的要求配套选用的,因此偏流电阻通常都无需调整。为了测量的需要,收音机的印制电路板上设计有专为检测集电极电流而断开的检测点,如图4-2-23中的A、B、C、D四点。安装好以后,只需测一下各级电流是否在规定的范围内,随后将此点用焊锡接通。图4-2-23所示的是在集电极检测点上串入电流表检测集电极电流的情形,测量时表的满度量程可以根据所检测的电流大小来选择。

调偏流时应当注意以下几点:

(1)调整偏流就是调整晶体管的静态工作电流,所以调整或检测偏流的顺序应该由末级开始逐级向前级进行,以免前级有讯号输入,后级已经在动态工作,而误将动态电流认为是静态电流。

(2)当D、C、B这3点电流测试完后,焊接磁性天线的4个引线,最后检测A点电流。全部正确后,要用焊锡接通集电极电流的检测点,表3-2-4是各三极管集电极工作电流参考值。

表4-2-3　各三极管集电极工作电流参考值

元器件编号	型号及标识	电路	被测电流	静态参考电流/mA	电路板中位置
VT₁	3DG201(绿或蓝)	变频级	I_{C_1}	0.2~0.4	A
VT₂	3DG201(蓝或紫、灰)	中放	I_{C_2}	0.4~0.6	B

元器件编号	型号及标识	电路	被测电流	静态参考电流/mA	电路板中位置
VT$_3$	3DG201（蓝或紫、灰）	检波	I_{C_3}	0	无
VT$_4$	3DG201（紫或灰、白）	低放	I_{C_4}	1.5~3	C
VT$_5$、VT$_6$	S9013	功放	I_{C_5}、I_{C_6}	2~5	D

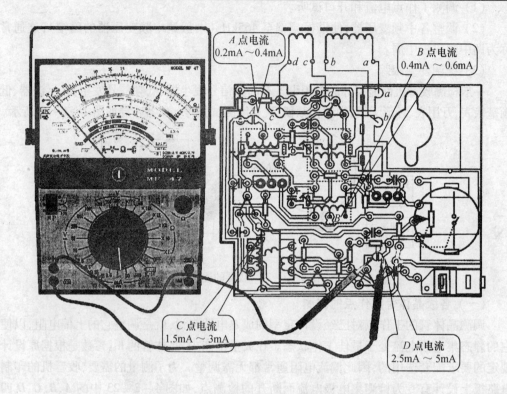

图 4-2-23　用万用表测量集电极电流

（二）465kHz 中频调试

当收音机以超外差的形式接收到电台后,便可以开始调中频变压器了。

一般中频变压器在出厂前均已调过,通常不需要再调整。但有时候装上收音机后还需要调整,这是由于它底板的布线和元器件均存在大小不等的分布电容,这些因素会使中频变压器失谐。另外一些使用已久的收音机,若其中频变压器的磁芯老化,元器件变质,原来调好的中频变压器也会失谐,所以仔细调中频变压器是装配和修理收音机时不可缺少的一项工作。

调整中频变压器的目的是将中频变压器都调在规定的 465kHz 的中频频率,以符合原设计的要求,从而使收音机达到最高的灵敏度、最好的选择性,因此调得好不好,对收音机的影响是很大的。

1. 不用仪器调试中频频率的方法

在没有仪器的情况下,只能把它们统一调到近于 465kHz 的某一频率。这样虽然较难知道具体的中频频率指标,但是,如果调整得好,也能够获得较好的收听效果。但由于这种调试不是根据某一标准频率进行的,因此只能将几个中频变压器统一调谐到某一个

150

频率。

　　打开收音机随便收到一个电台,最好是远离 465kHz 的高频端的一个电台。先用镊子将双连电容振荡联的两端短路一下,若声音突然停止或显著减小,则说明本振荡电路工作正常,收到的电台经过了变频,此时调中周才有意义。否则收到的电台是串进来的,会越调越乱。

　　在变频正常的情况下,边听声音边调整中周磁帽,使声音最大。调整时先调后级中周 T_4 再调前级中周 T_3,反复调整,当调到最响后可把音量电位器关小一些再调,或改收一个较弱的电台,再继续调试到最响,反复几次就基本上可以调好了。注意调整时要尽量减少旋转的次数,用力不要过猛,否则中周容易调松调坏。

2. 用仪器调整中频频率的方法

　　有了标准信号发生器给出的 465kHz 标准信号,就可以将中频频率调准在规定的 465kHz 上。调整前,按图 4 - 2 - 24 配置仪表和接线。

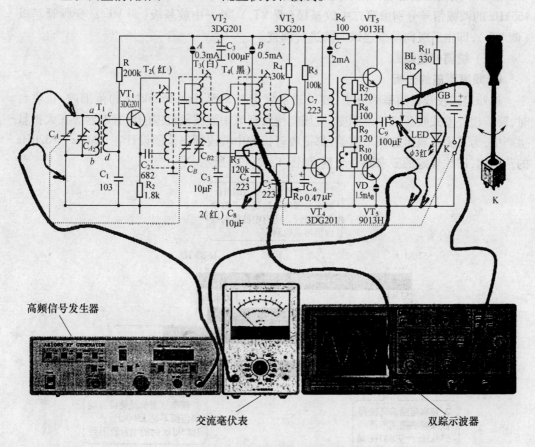

图 4 - 2 - 24　中频调试仪器连接示意图

　　将高频信号发生器的输出频率调节为 465kHz 的调幅波,调制度为 30%。将此信号直接接入收音机输入回路的天线端(也可以使用球形天线),音频毫伏表接在喇叭的两端。接入示波器主要用来监视输出信号波形。

　　调整时,将收音机的音量电位器开足,收音机的频率指示放在中波的低端位置(这样输入回路的谐振率就比较接近中频频率,收音机接收中频信号的灵敏度就能略有提高),

151

如果收音机调到低端位置时受到了广播电台的干扰,则必须将收音机调偏些或用短路线短路本机振荡电路,并连接到地,从而使电路停振,避免干扰。

由小到大缓缓调节高频信号发生器的输出,在喇叭能听到音频信号声后,就可以按从后级到前级的步骤反复调整中频变压器,观察毫伏表指针,使输出达到最大,同时观察示波器。若发现输出端的正弦波形因信号过大出现顶部失真时,则应减小高频信号发生器的输出,并适当调整音量电位器,以保证信号在整个调试过程中不失真。

若中频变压器的谐振频率偏离较大,则465kHz的调幅信号输入后,喇叭里可能无音频 输出,这时,应左右偏调信号发生器的频率,试一下信号发生器的频率拨在什么位置时喇叭里才有音频声输出。当谐振点找到后,只要将高频信号发生器的频率逐步地向465kHz的频率附近位置逼近,同时调整中频变压器进行频率跟踪,直至调准中频频率在465kHz时即可。

如果中频变压器已经调乱,即使偏调信号发生器的频率也找不到谐振频率时,则可将465kHz的调幅信号分别由第二中放基极(调VT_3)、第一中放基极(调VT_2)、变频管基极(调VT_1),即由后级向前级逐级向前进行调整。

(三)统调外差跟踪

1. 频率覆盖的分析

超外差式收音机频率刻度中,波段通常规定在535kHz～1605kHz的范围内,在收台时,调节超外差式收音机频率刻度,应该能搜索到该中波波段范围的所有电台。在大批量生产中,为了满足规定的频率覆盖,都把收音机的中波段频率范围设计在520Hz～1620Hz的范围内,即比规定的要求略有余量,如图4-2-25所示。

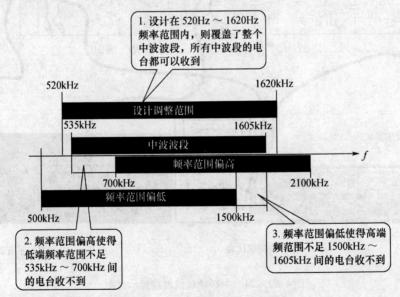

图4-2-25 收音机的频率覆盖范围

一般地,把整个频率范围中800kHz以下的,即双联可变电容器最大或较大的位置称为低端。对1300kHz以上的,即双联可变电容器旋在容量最小或较小的位置称为高端,800kHz～1200kHz的位置称为中间。没有调整过的新装收音机或者调乱了的旧收音机,其频率范围往往是不准的。例如,频率不是正好为 535kHz ~ 1605kHz,而是 700kHz ~ 2.1MHz,或 500kHz ~ 1500kHz,分别称之为频率范围偏高或者偏低。另外,如果是 535kHz ~ 1500kHz 或者 600kHz ~ 1605kHz 的,分别称之为高端频率范围不足或者低端频率范围不足(见图 4 - 2 - 25)。因此,一个收音机首先频率覆盖要准确,以达到收音机频率刻度校准的要求。在超外差式收音机中,决定接收频率的(也就是决定频率刻度的)是本机振荡频率与中频频率的差值,而不是输入回路的频率。校准超外差式收音机频率刻度的实质是校准本机振荡频率和中频频率之差值。在本机振荡回路里,改变振荡线圈的电感量(即变化磁芯),可以较为显著地改变低端的振荡频率(但对于高端也有较大的影响)。改变振荡微调的电容量,可以显著地改变高端(振荡连旋到容量最小位置)的振荡频率。因此校准频率刻度时,低端应调整振荡线圈的磁芯,高端应调整振荡微调。

2. 外差跟踪分析

收音机要完成整个波段的频率覆盖,使之能收到波段内所有的广播电台信号。调整可变双联时,输入回路的频率范围应能覆盖整个 535kHz ~ 1605kHz 的中波波段,同时本机振荡的频率应始终跟踪输入回路频率的变化并高出 465kHz。图 4 - 2 - 26 是理想的跟踪情况。调节可变双联电容的中心轴旋转角,输入回路的频率从 535kHz ~ 1605kHz,相应本振频率则从 1000kHz ~ 2070kHz,始终保持 465kHz 的跟踪,所以理想跟踪是全程跟踪。

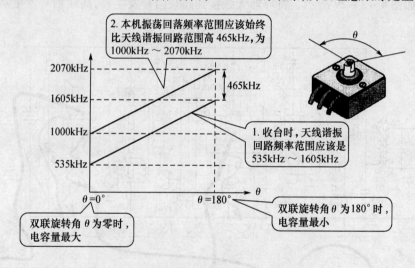

图 4 - 2 - 26 调节可变双联的理想跟踪曲线

实际中的跟踪曲线是不会全程跟踪的,由于可变双联是使用两个完全变化一样的电容,因此不难计算出在可变双联电容的整个调节中只有一个点跟踪,为 465kHz,如图 4 - 2 - 27 所示。

为使接收灵敏度、整机灵敏度的均匀性以及选择性等达到尽可能好的程度,振荡回路的跟踪要尽量接近 465kHz,为此采用了对高端进行频率补偿的方法,如图 4 - 2 - 28 所示。在设计振荡回路和输入回路时,低端 600kHz 处通过调整磁性天线的电感量(移动天线线圈在磁棒上的距离)、高端 1500kHz 处通过调整天线微调(CA₂)的容量、中间 1000kHz 三点与 465kHz 同步跟踪,形成一个 S 形的曲线,称为三点跟踪,将该 S 曲线的调节称为调补偿。

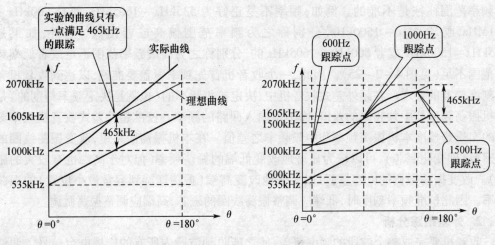

图 4-2-27 实际的跟踪曲线

图 4-2-28 统调后的三点跟踪曲线

3. 外差跟踪的调试

综上所述,外差跟踪的调试,实际上是通过校准频率刻度和调补偿完成的。仪表的配置和接线如图 4-2-29 所示。将环形天线接到高频信号发生器,高频信号发生器应设置

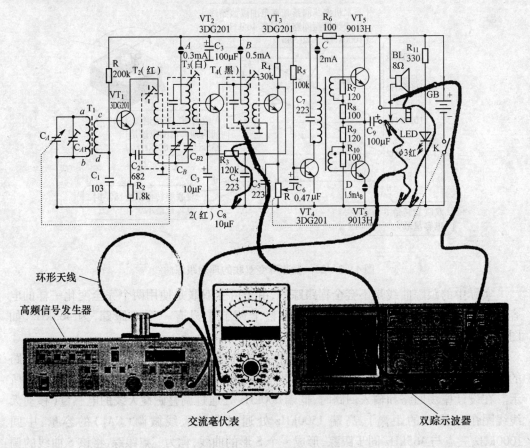

图 4-2-29 统调外差仪器接线图

在调幅输出,且调制深度为 30% 。毫伏表和示波器接在功放电路的输出端,把已装配好的收音机放在离环形天线 0.6m 处的位置。

(1)频率刻度的校准。打开收音机电源开关,将音量电位器调至最大,把收音机刻度盘对准 600kHz。调节高频信号发生器输出 600kHz 的调幅信号,此时扬声器中可听到 1000Hz 音频信号。用无感起子调节振荡中周 T_2 的磁帽,观察毫伏表和示波器,使其幅度为最大。然后把收音机刻度盘对准 1600kHz,调节高频信号发生器输出 1600kHz 的调幅信号,用无感起子调节振荡连的补偿电容 CB_2,同样观察毫伏表和示波器使其幅度为最大,重复多次直至调准。

注意:

① 调节过程中,若示波器中的正弦波波形出现非线性失真时,应减小高频信号发生器的输出幅度,从而保证所有调试在不失真的情况下进行。

② 若开始收不到信号,则应调节高频信号发生器的频率搜索,当收音机收到信号后,边调节边靠拢,直到频率对准为止。

(2)调整频率补偿。调整时,仪器的连接和调整的方法与调频率覆盖一样,只不过低端的 600kHz 调节是磁性天线的线圈,如图 4 - 2 - 30 所示;高端的 1500kHz 跟踪点调的是天线连的补偿电容 C_{A2}。

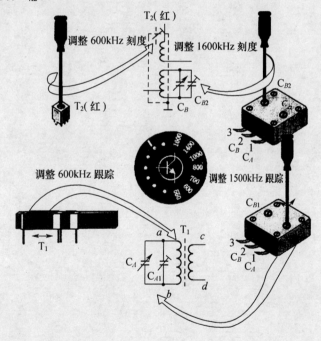

图 4 - 2 - 30   统调外差跟踪方法

注意:

① 调整磁性天线时,左右移动天线与磁芯的相对位置,调整完后用蜡固定。

② 调整时所有元器件必须装配到位,特别是扬声器必须固定好。

参 考 文 献

[1] 王光福. 实用电工电子技术实验实训教程. 北京:电子科技出版社,2006.
[2] 刘国林. 电工电子技术教程与实训. 北京:清华大学出版社,2006.
[3] 陈学平. 电工技术基础与技能实训教程. 北京:电子工业出版社,2006.
[4] 白广新. 电工及电气测量技术实训教程. 北京:机械工业出版社,2007.
[5] 熊海涛,刘晓静,张敏. 电工电子技术实验实训指导. 武汉:华中科技大学出版社,2007.
[6] 黄盛兰. 电工电子技术实训教程. 北京:邮电大学出版社,2007.
[7] 邱敏. 电工电子技术基础(第2版)北京:机械工业出版社,2007.
[8] 卢菊洪,宇海英. 电工电子技术基础. 北京:北京大学出版社,2007.
[9] 毛岚. 电工与电子技术实验与实训. 北京:邮电大学出版社,2007.
[10] 张虹. 电工与电子技术基础. 北京:航空航天大学出版社,2008.